2017-2018年中国工业和信息化发展系列蓝皮书

The Blue Book on the Development of Industrial Energy Conservation and Emission Reduction in China (2017-2018)

2017-2018年
中国工业节能减排发展
蓝皮书

中国电子信息产业发展研究院　编著

主　编 / 刘文强

副主编 / 顾成奎

人民出版社

责任编辑：邵永忠
封面设计：黄桂月
责任校对：吕　飞

图书在版编目（CIP）数据

2017－2018年中国工业节能减排发展蓝皮书／中国电子信息产业发展研究院编著；刘文强 主编．—北京：人民出版社，2018.9

ISBN 978－7－01－019864－4

Ⅰ.①2… Ⅱ.①中… ②刘… Ⅲ.①工业企业—节能减排—研究报告—中国—2017－2018 Ⅳ.①TK018

中国版本图书馆 CIP 数据核字（2018）第225444号

2017－2018年中国工业节能减排发展蓝皮书

2017－2018 NIAN ZHONGGUO GONGYE JIENENG JIANPAI FAZHAN LANPISHU

中国电子信息产业发展研究院 编著
刘文强 主编

人民出版社出版发行
（100706　北京市东城区隆福寺街99号）

北京市燕鑫印刷有限公司印刷　新华书店经销

2018年9月第1版　2018年9月北京第1次印刷
开本：710毫米×1000毫米 1/16　印张：15.5
字数：250千字　印数：0,001—2,000

ISBN 978－7－01－019864－4　定价：60.00元

邮购地址　100706　北京市东城区隆福寺街99号
人民东方图书销售中心　电话（010）65250042　65289539

前　言

深入实施绿色制造工程　全面推进工业绿色发展

2017 年，工业和信息化部节能与综合利用司以习近平新时代中国特色社会主义思想为指导，认真落实“中国制造 2025”全面推行绿色制造的要求，深入实施绿色制造工程，扎实推进工业节能与绿色发展各项工作，取得了积极成效。全年规模以上单位工业增加值能耗同比下降超过 4%，单位工业增加值用水量同比下降约 6%，超额完成年度目标。

（一）加大传统制造业绿色化改造支持力度。各行业各地区和有关部门积极利用财税金融信贷等政策支持工业节能与绿色发展。各地区工业和信息化主管部门结合本地产业发展实际，深入落实工业绿色发展规划和绿色制造体系实施方案，细化配套政策，研究创新举措，探索新模式新机制，已有 30 个地区出台了相关支持政策。完善与国家开发银行的绿色信贷合作机制，2017 年利用绿色信贷支持 154 个工业节能与绿色发展重点项目。利用财政绿色制造专项支持 142 个重大项目，聚焦化工、机械、电子、家电、食品、纺织、大型成套设备等行业，推动将绿色制造理念贯彻产品生命周期全过程，着力推进绿色制造关键工艺技术装备产业化应用，加强全产业链绿色管理水平提升，相关企业绿色制造水平大幅提升，节能、节水、减排等资源环境效益明显。会同有关部门修订节能节水、环境保护专用设备企业所得税优惠目录，利用税收优惠政策支持节能环保设备推广应用。加强有毒有害污染源头削减，支持汞、铅、高毒农药等行业 21 个高风险污染物削减改造项目，可减少苯、甲苯、二甲苯等有害溶剂使用量 12 万吨/年，减少汞使用量 17 吨/年，减少废水、废气中铅及铅化合物排放量 2 吨/年。

（二）工业能效水效持续提升。六大高耗能行业节能形势持续向好，石化、电力、建材等行业单位工业增加值能耗继续下降，钢铁等行业单位工业增加值能耗增速保持回落。2013 年至 2017 年 5 年间，规模以上单位工业增加值能耗预计下降27%，单位工业增加值水耗预计下降27%。狠抓工业节能降耗，大力推广先进节能技术和产品，确定钢铁、电解铝等六个行业能效“领跑者”企业名单，发布《国家工业节能技术装备推荐目录（2017）》和《“能效之星”产品目录（2017）》，推广39项工业节能技术、119种工业节能装备及80种消费类家用电器“能效之星”产品。实施配电变压器能效提升计划，在大庆、辽河等油田开展试点工作。在山东、河北、广东等地组织开展节能服务进企业活动，推动节能服务公司与重点用能企业加强对接。组织开展年度国家重大工业专项节能监察和专项督查，重点围绕钢铁、电解铝、水泥、平板玻璃等高耗能行业，对全国5689家高耗能工业企业开展专项监察，委托吉林、江苏等5个省（区）对全国1200多名节能监察人员开展业务培训。重点围绕钢铁、纺织、造纸等高耗水行业，会同水利部、国家发展改革委、国家质检总局组织开展重点用水企业水效领跑者引领行动，确定钢铁、纺织和造纸等行业11家企业为首批重点用水企业水效领跑者，推动企业对标达标。

（三）资源综合利用加快发展。2017年大宗工业固体废物综合利用量达到14亿吨，再生资源综合利用量预计达到2.65亿吨。发布《国家工业资源综合利用先进适用技术装备目录》，总结推广第一批12个工业资源综合利用基地建设经验，积极推动贵州省水泥窑协同处置试点建设。加强已公告再生资源规范企业的事中事后管理，发布符合《废钢铁加工行业准入条件》第五批企业名单，开展电器电子产品生产者责任延伸试点。制定《新能源汽车动力蓄电池回收利用管理暂行办法》，建立回收利用管理制度，加快相关标准和动力电池溯源管理系统建设，推动重点地区和企业先行先试，启动回收利用试点。完成晋中等9市甲醇汽车试点验收。发布《高端智能再制造行动计划（2018—2020年》，促进再制造技术研发及产业化应用，推进形成再制造生产与新品设计制造间的高效反哺互动机制。

（四）重点区域流域领域清洁生产水平稳步提升。联合有关部门制定《关于加强长江经济带工业绿色发展的指导意见》，优化布局、调整结构，加快工业节水减污改造。贯彻落实国务院关于加强京津冀及周边地区秋冬季大气污染防治有关要求，组织开展专项督导调研，指导和督促“2+26”城市政府落实2017—2018年冬季大气污染综合治理攻坚行动方案，坚决取缔地条钢生产，实施工业企业错峰生产。印发《国家涉重金属重点行业清洁生产先进适用技术推荐目录》，指导铬、聚氯乙烯等行业加快源头削减重金属污染。实施清洁生产能力提升培训计划，组织京津冀、长三角、珠三角近万家企业共 2.3 万人参加清洁生产能力提升在线培训。印发《工业和信息化部关于加快推进环保装备制造业发展的指导意见》，发布第二批符合环保装备制造行业（大气治理）规范条件企业名单。

（五）标准引领作用日益凸显。工业节能与绿色发展标准化行动计划全面启动，集中研究制定首批 286 项工业节能与绿色发展重点标准，加快建立健全工业节能与绿色标准体系。完善绿色产品、绿色工厂、绿色园区及绿色供应链评价要求等绿色标准规范，发布相关标准 19 项，有效支撑了绿色制造示范工作。首批绿色制造示范名单发布，名单包括 201 家绿色工厂、193 种绿色设计产品、24 家绿色工业园区和 15 家绿色供应链管理示范企业，带动相关领域绿色制造水平加快提升。启动 99 家企业绿色设计试点验收，组织遴选第三批试点企业，加快打造一批绿色设计领军企业。发布第二批 75 家工业节能与绿色发展评价中心名单。加快构建市场化的绿色制造评价机制。

（六）积极宣传绿色发展理念。发布《中国工业绿色发展报告（2017）》，第一次全面梳理我国工业领域绿色发展进程。大力开展绿色制造专项宣传，在“砥砺奋进的五年”成就展上展示近 5 年来工业节能、节水、低碳、再制造等领域的绿色发展成就。组织中央媒体专项报道绿色制造，央视《辉煌中国》纪录片对镇江工业绿色转型发展等案例进行系统宣传，《经济日报》开辟专栏介绍宝钢绿色发展先进经验。推动成立中国绿色制造联盟，建立绿色制造公共服务平台，发布绿色制造合作伙伴倡议，促进政、产、学、研、用、金等加强互动交流，着力推进绿色制造理念传播、绿色制造诊断服务、绿色制造金融对接、绿色制造 + 互联网和绿色制造国际合作。

（七）国际合作交流加快拓展。充分利用多边和双边合作机制，加强工业绿色发展交流对话，为世界提供中国绿色制造解决方案。将中欧、中法、中意等现有工作机制交流合作范围进一步扩大至绿色制造各领域，绿色制造理念国际影响不断扩大。工业和信息化部与韩国产业资源通商部在中韩两国元首见证下签署工业节能与绿色发展领域战略合作备忘录，与英国商业、能源和产业战略部在绿色制造领域的交流合作事项纳入第九次中英经济财金对话政策成果。首次在联合国气候大会上举办“中国工业绿色低碳发展”会议，与联合国工业发展组织共同倡议在工业领域加强国际合作，共同引领全球工业绿色低碳发展。

2018 年主要思路：一是不断深化绿色制造示范。充分发挥财政资金杠杆作用，滚动组织实施绿色制造专项。加强对前期 225 个项目的跟踪管理，督促项目按时保质实施，部署启动首批重大项目验收。全面推进绿色制造体系构建，滚动发布绿色示范工厂、绿色示范园区、绿色产品和绿色供应链示范名单。深入开展区域工业绿色转型、工业领域煤炭高效清洁利用、水泥窑协同处置生活垃圾及固体废物、工业资源综合利用基地、电器电子和汽车产品生产者责任延伸试点等示范工作。

二是加快推广绿色技术装备。积极推动利用现有政策渠道，引导企业加大投入，大力开展绿色化技术改造，推广应用一批节能、低碳、节水、清洁生产、资源综合利用、再制造等领域先进适用的工艺、技术及装备，创新国家鼓励发展重大环保技术装备的推广应用方式和渠道。实施重点行业能效、水效“领跑者”计划，促进企业降本增效。扎实做好电机、锅炉、配电变压器等设备能效提升工作，不断提升系统能效。落实关于加强长江经济带工业绿色发展的指导意见，引导沿江传统制造业绿色化改造升级。

三是大力发展绿色制造产业。发展壮大节能服务业，充分发挥工业节能与绿色评价中心的公益服务诊断能力，继续组织实施节能服务进企业活动，推进节能服务公司与工业企业规模化对接。大力发展环保装备产业和环保服务产业，按照细分领域制定环保产业规范条件，发布符合规范条件企业名单，树立标杆企业，引领行业规范发展。完善新能源汽车动力电池回收利用机制，深入开展试点。推动再生资源行业规范管理，加强已公告企业事中事后监管，促进规范经营。组织落实高端智能再制造行动计划，推动实施在役再制造，开展再制造产品认定。依托中国绿色制造联盟推动绿色制造全产业链合作，调动中外旗舰型龙头企业的积极性，以响应绿色制造合作伙伴倡议的形式，提出落实“中国制造 2025”要求的一揽子解决方案，加强中外绿色制造理念、技术和具体实践的交流与对接，快速发展绿色制造产业，促进国内外迅速接轨，推动绿色增长。

四是持续完善工业绿色发展政策标准体系。严格落实《工业节能管理办法》和《电器电子产品有害物质限制使用管理办法》等规章制度。制定工业节能监察管理办法，开展2018年国家重大工业专项节能监察，加强节能监察体制机制建设。深入实施工业节能与绿色发展标准化行动计划，加快完善绿色制造标准。进一步加强与国家开发银行等金融机构合作，完善绿色信贷机制，推进落实绿色信贷重点项目。积极探索应用绿色债券、绿色保险等绿色金融手段。加快健全第三方评价机制和配套评价标准，创新方式引导典型企业发布绿色发展报告。

高云虎

（工业和信息化部节能与综合利用司司长）

目　　录

区　域　篇

政 策 篇

热 点 篇

展　望　篇

综 合 篇

第一章　2017年全球工业节能减排发展状况

本章从工业发展、全球能源消费、低碳化进程三个方面对美国、日本、欧盟、新兴经济体等全球主要国家和地区进行了研究。2017年全球经济增速仍处在缓慢复苏中。由于经济增速放缓，以及能源消费结构变化，全球能源消费增速放缓。各国积极采取各种措施，努力应对气候变化，但态度出现分化，增加了气候变化合作前景的复杂性。

第一节　工业发展概况

2017年，随着投资环境的优化和消费者信心的提升，全球制造业持续稳步复苏的力度增强，已呈现出国际金融危机发生以来较强的复苏势头。从表1－1的2017年摩根大通全球制造业采购经理指数（PMI）看，2017年1—12月PMI均高于50的景气荣枯分界线，均值达53.2的较高水平。从8月份以后，PMI持续走高，直至12月份达到全年高点54.5，良好收官。全球制造业总产量增长的一个重要因素就是以自动化、机器人和数字产品等为代表的先进制造业正在全球稳步扩张。此外，美国、日本、欧盟、发展中国家和新兴工业经济体2017年制造业都保持了较高的增长率。

表1－1　2017年摩根大通全球制造业采购经理指数

月份	1	2	3	4	5	6	7	8	9	10	11	12
PMI	52.7	53	53	52.7	52.6	52.6	52.7	53.2	53.3	53.5	54.1	54.5

资料来源：Wind数据库，2018年1月。

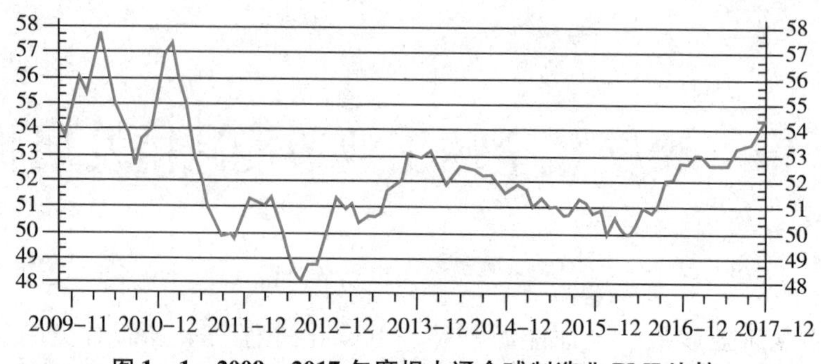

图1-1　2009—2017年摩根大通全球制造业PMI比较

资料来源：Wind资讯，2018年1月。

一、美国

2017年，美国制造业延续了前一年稳定增长的势头，扩张速度加快，1月份PMI 56，比前值高1.5。全年除了4月份、5月份分别是54.8、54.9，其余月份均高于55，9月份PMI达到全年最高值60.8，这也是7年来的最高水平。

表1-2是2017年美国供应管理协会（ISM）发布的制造业采购经理指数（PMI），制造业采购经理指数通过调查企业对未来生产、新订单、库存、就业和交货预期等关键指标评估美国经济，以50为临界点，高于50说明制造业处于扩张状态，发展势头较好，低于50则表明制造业处于萎缩状态。

表1-2　2017年美国制造业采购经理指数

月份	1	2	3	4	5	6	7	8	9	10	11	12
PMI	56	57.7	57.2	54.8	54.9	57.8	56.3	58.8	60.8	58.7	58.2	59.7

资料来源：Wind数据库，2018年1月。

从2016年9月开始到2017年12月，美国制造业采购经理指数稳定站在50临界点上方，并且屡创新高，连续16个月扩张，这主要受益于新订单的激增和强劲的产出增长推动。2017年12月通过的减税法案，对美国制造业是又一利好因素，美国企业所得税率降至21%，预计这一利好政策会吸引约4万亿美元的资本回流美国，同时，产业竞争力将进一步提升。

二、日本

继2016年12月日本制造业PMI值以52.4创2016年最快扩张速度后，2017年1月制造业保持了继续扩张的势头，PMI值为52.7，并且2017年全年始终都在50荣枯线的上方，表现出温和稳定增长态势。制造业增长主要是受出口带动，2017年海外需求强劲，新出口订单激增，中国对工业机器人、机床等产品的需求，支撑了日本相关企业的业绩，日本制造业对中国市场的依赖程度逐步深化。PMI最高值54，出现在2017年12月，最低值52.1，出现在2017年7月。

2017年，日本制造业多次被曝出造假丑闻，日产汽车公司、神户制钢、三菱综合材料股份公司、东丽公司等知名企业深陷其中，日本制造业国际竞争力持续下降，“日本制造”的品质信誉经受严峻考验。总体来说，日本制造业仍处于世界最具竞争力的范畴。

表1-3　2017年日本制造业采购经理指数

月份	1	2	3	4	5	6	7	8	9	10	11	12
PMI	52.7	53.3	52.4	52.7	53.1	52.4	52.1	52.2	52.9	52.8	53.6	54

资料来源：Wind数据库，2018年1月。

三、欧盟

2017年欧元区经济复苏情况较好。继2016年12月欧洲制造业增速达到近5年半来最高后（PMI值为54.9），2017年欧洲制造业继续保持了连贯、稳定、普遍增长的态势，1—12月PMI值都在55以上，而且除了7月份小幅回调，由前值57.4降至56.6，其他月份都逐月增长，到12月份更是以60.6的值再创17年高位，完美收官，为2018年的开局奠定了强劲的基础。欧元区2017年的经济表现是过去十年来最好的一年，说明制造业正在引领欧洲经济复苏。

从成员国情况看，法国、德国、奥地利、爱尔兰等2017年12月制造业活动指数都创新高，打破工业增长纪录，出现了不同程度的需求上涨、订单大增、就业增加的繁荣局面。根据德国联邦统计局数据，德国2017年就业人口达到4430万人，增幅为10年来最高（1.5%）。意大利和西班牙制造业表现也较为出色，尽管和前两个月相比，意大利12月工业增长放缓，但增幅仍然较高。欧盟在国际制造业的博弈中有很强的竞争地位。

表1-4　2017年欧元区制造业采购经理指数

月份	1	2	3	4	5	6	7	8	9	10	11	12
PMI	55.2	55.4	56.2	56.7	57	57.4	56.6	57.4	58.1	58.5	60.1	60.6

资料来源：Wind数据库，2018年1月。

四、新兴经济体

2017年，受益于外部环境不断改善、大宗商品价格温和回升以及内需拉动，新兴经济体经济增速总体提升，为全球制造业持续稳步复苏作出了较大的贡献。

俄罗斯2017年经济走出衰退，开始企稳向好。1—12月PMI指数稳定在50荣枯线的上方，全年高值出现在1月，为54.7，低值出现在6月，为50.3，大多数月份PMI值在51—52.7之间温和波动。制造业增幅最快的领域是汽车、制药、化学、食品工业和电气设备生产，且增长质量逐步提高。俄罗斯政府此前实施了进口替代政策和新一轮反危机计划，扶持汽车、轻工业、机器制造和农业等产业发展，2017年政策效果开始显现，俄罗斯出口强势增长，同时国内需求驱动经济增长的作用也日益增强，二季度出口同比增长23%。为俄罗斯在反制裁中站稳脚跟打下基础。

印度制造业采购经理指数（PMI）2017年全年有11个月位于50荣枯线上方。2016年12月，印度制造业受废钞运动拖累，PMI在年内首度跌破荣枯线（49.6），月度跌幅创2008年11月以来最大，中断了2016年制造业持续增长的势头。随着市场环境好转，需求和产量增加，2017年一季度制造业发展稳定，1月到3月，制造业PMI分别为50.4、50.7和52.5，比2016年12月提高0.8、1.1和2.9个点。2季度制造业PMI出现回调，由4月份的52.5降至5月份的51.6和6月份的50.9，直至7月份出现最低值47.9，跌破荣枯线。8月份制造业PMI迅速回升至51.2，并在9月份持平和10月份小幅下跌后，在11月份回升至52.6，在12月份以54.7创年内新高。总体看制造业仍处在调整和发展阶段。

巴西经济2017年正在走出衰退，缓慢复苏，实现恢复增长。根据巴西地理统计局的数据，巴西经济已经连续两年衰退，2015年国内生产总值（GDP）萎缩3.8%，2016年萎缩3.6%。2017年经济增长结束萎缩态势的原因，主要是全球贸易形势和国际大宗商品价格趋势逐步向好，促进了出口和投资增长；前9个月，巴西出口增长18.1%，成为推动巴西经济增长的主要动力。2017年一季度，巴西经济萎缩幅度从2016年3.6%收窄至0.4%，二季度则恢复增长0.3%。从制造业PMI看，2017年1—3月，PMI均处于50荣枯线下方，从4月份开始，PMI站在了50荣枯线上方并保持稳定，全年PMI高值53.5，出现在11月份，12月份小幅回落至52.4，比前值降低1.1个点。经济增长仍处于缓慢复苏中。

第二节　能源消费状况

2017年7月，BP发布了2017年版《BP世界能源统计年鉴》。根据年鉴数据，2016年全球一次能源消费继续保持低速增长，增幅为1%。这个增速与2014年持平，比2015年高0.1个百分点，远低于十年平均增速1.8%。增速放缓的原因一方面是由于全球经济结构中作为能源密集型行业的工业增速放缓，另一方面是能效提升，能源强度迅速下降。2016年的能源消费增长基本来自于快速增长的发展中经济体，中国和印度贡献了一半的增长量。此外，2016年全球能源市场处于转型期，能源消费转向更低碳的能源。

从能源消费结构看，2016年排在前三位的依然是石油、煤炭和天然气。石油仍然是全球最重要的燃料，占全球能源消费的三分之一，2016年石油所占市场份额是1999年以来的第二次增长，消费增速1.6%，高于十年来1.2%的平均增速。煤炭占全球一次能源消费中的比重降至28.1%，保持第二大燃料的地位，是2004年以来的最低水平。全球煤炭消费下降1.7%，煤炭消费降幅较大的国家是美国和中国，分别下降8.8%和1.6%，英国煤炭消费下降幅度最大，达52.5%，消费水平回归到了两百年前工业革命时期，在2017年4月出现了首个无煤发电日。全球天然气消费增长1.5%，低于十年2.3%的平均水平，占一次能源消费的24.1%。可再生能源在一次能源消费中的占比为3.2%，增量占一次能源增长的30%以上，增长势头迅猛，中国贡献了40%的增长量，继续引领可再生能源增长。

从地域看，2016年全球一次能源消费量合计13276.3百万吨油当量，其中北美洲一次能源消费量2788.9百万吨油当量，占全球一次能源消费量的21%；中南美洲一次能源消费量705.3百万吨油当量，占全球能源消费总量的5.3%；欧洲及欧亚大陆一次能源消费量2867.1百万吨油当量，占全球能源消费总量的21.6%；中东国家一次能源消费量合计895.1百万吨油当量，占全球能源消费总量的6.8%；非洲一次能源消费量合计440.1百万吨油当量，占全球能源消费总量的3.3%；亚太地区一次能源消费量合计5579.7百万吨油当量，占全球能源消费总量的42%。其中经合组织国家能源消费占全球能源消费比重为41.6%，欧盟地区一次能源消费量合计1642百万吨油当量，占全球能源消费总量的12.4%。具体数据如表1－5所示。

从具体国家看，2016年一次能源消费最多的国家依次是中国和美国，两国消费量占世界总量的40.1%。其次是印度、俄罗斯和日本，这3个国家一次能源消费总量占世界总量的13.9%。中国仍然是世界最大的一次能源消费国。2016年一次能源消费为3053百万吨油当量，占全球消费量的23%。2016年能源消费增长1.3%，低于过去十年平均水平的四分之一。2015年这个数据是1.5%，2015年和2016年是中国从1998年以来能源消费增速最为缓慢的两年，这与中国正在转换经济增长和能源消费模式，提高经济发展质量，实现更加可持续的增长有密切关系。2016年中国能源结构持续改进，主导燃料煤炭在能源消费中的比重进一步降低为61.8%，消费量连续第三年下降。石油消费增长2.7%，天然气消费增长7.7%。非化石能源中，核能消费增长24.5%，水电消费增长4%，可再生能源消费增长33.4%。

表1－5　2016年世界主要国家一次能源消费结构

单位：百万吨油当量

	石油	天然气	煤炭	核能	水电	可再生能源	总计
美国	863.1	716.3	358.4	191.8	59.2	83.8	2272.7
加拿大	100.9	89.9	18.7	23.2	87.8	9.2	329.7

续表

	石油	天然气	煤炭	核能	水电	可再生能源	总计
墨西哥	82. 8	80. 6	9. 8	2. 4	6. 8	4. 1	186. 5
北美洲总计	1046. 9	886. 8	386. 9	217. 4	153. 9	97. 1	2788. 9
阿根廷	31. 9	44. 6	1. 1	1. 9	8. 7	0. 7	88. 9
巴西	138. 8	32. 9	16. 5	3. 6	86. 9	19	297. 8
委内瑞拉	28. 7	32	0. 1	—	13. 9	—	74. 6
中南美洲总计	326. 2	154. 7	34. 7	5. 5	156	28. 2	705. 3
德国	113	72. 4	75. 3	19. 1	4. 8	37. 9	322. 5
法国	76. 4	38. 3	8. 3	91. 2	13. 5	8. 2	235. 9
意大利	58. 1	58. 1	10. 9	—	9. 3	15	151. 3
英国	73. 1	69	11	16. 2	1. 2	17. 5	188. 1
俄罗斯	148	351. 8	87. 3	44. 5	42. 2	0. 2	673. 9
欧洲及欧亚大陆总计	884. 6	926. 9	451. 6	258. 2	201. 8	144	2867. 1
伊朗	83. 8	180. 7	1. 7	1. 4	2. 9	0. 1	270. 7
沙特阿拉伯	167. 9	98. 4	0. 1	—	—	—	266. 5
阿联酋	43. 5	69	1. 3	—	—	0. 1	113. 8
中东国家总计	417. 8	461. 1	9. 3	1. 4	4. 7	0. 7	895. 1
南非	26. 9	4. 6	85. 1	3. 6	0. 2	1. 8	122. 3
埃及	40. 6	46. 1	0. 4	—	3. 2	0. 6	91
非洲总计	185. 4	124. 3	95. 9	3. 6	25. 8	5	440. 1
中国	578. 7	189. 3	1887. 6	48. 2	263. 1	86. 1	3053
印度	212. 7	45. 1	411. 9	8. 6	29. 1	16. 5	723. 9
日本	184. 3	100. 1	119. 9	4	18. 1	18. 8	445. 3
韩国	122. 1	40. 9	81. 6	36. 7	0. 6	4. 3	286. 2
亚太地区总计	1557. 3	650. 3	2753. 6	105. 9	368. 1	144. 5	5579. 7
世界总计	4418. 2	3204. 1	3732	592. 1	910. 3	419. 6	13276. 3
其中：OECD	2086. 8	1495. 2	913. 3	446. 8	316. 8	270. 1	5529. 1
非 OECD	2331. 4	1708. 9	2818. 7	145. 2	593. 4	149. 5	7747. 2
欧盟	613. 3	385. 9	238. 4	190	78. 7	135. 6	1642

资料来源：《BP 世界能源统计年鉴》（2017）。

注：1 吨油当量 =1. 4286 吨标准煤。

第三节　低碳发展进程分析

一、全球碳排放

根据国际能源署（IEA）公布的初步数据，2016年全球经济增长3.1%，二氧化碳排放量为321亿吨，2015年全球与能源有关的二氧化碳排放量为321亿吨，2014年是323亿吨，二氧化碳排放量连续三年持平。《BP世界能源统计年鉴》（2017）也指出，2014—2016年是自1981—1983年以来平均碳排放增速最低的三年。碳排放增速降低最主要的原因是由于市场驱动和技术进步，全球各国更多使用了绿色能源，经济增长和碳排放逐步脱钩，初步实现经济良性增长的同时，碳排放逐步被遏制的目标。

2016年，美国碳排放量下降了3%，达到1992年以来的最低水平，经济增长了1.6%；中国排放量下降了1%，经济增长了6.7%；欧洲排放量与此前持平。俄罗斯降低2.4%，印度增长5%。中国和美国在保持制造业稳步增长的同时，碳排放量下降的主要原因是大幅度减少煤炭消耗，增加了天然气的使用量，特别是中国，大幅度增加了水电、风电、核电的使用量。2016年中国超过美国，成为全球最大的可再生能源生产国。核能产量增长24.5%，增量比2004年以来任何国家的年增量都高，全球核能净增长全部源自中国。

二、各国应对气候变化态度分化

2017年《联合国气候变化框架公约》第二十三届缔约方大会（COP23）于11月6—17日在德国波恩举行，岛国斐济担任主席国。这次波恩气候变化大会的主要目标是继续商讨关于《巴黎协定》的实施细则，增强各国应对气候变化的信心。大会一项重要任务就是形成一个全面反映各方诉求、平衡反映2015年《巴黎协定》各个重点要素、可供2018年谈判的实施细则案文草案，为2018年达成最终细则奠定基础。应对全球气候变化问题已是各国共识，但由于各国对自身利益的考量，以及全球第一大经济体、第二大温室气体排放国美国宣布退出《巴黎协定》，气候变化合作前景变得更加复杂。波恩气候变化大会上，多国承诺将积极应对气候变化，美国也派出了谈判代表参加，欧盟一直以来都是应对全球气候变化的积极参与者，中国行动得到联合国及各国肯定，最近10年，中国在保持经济稳步增长的同时，逐步减少二氧化碳排放量，经济发展和二氧化碳排放逐步脱钩的模式正在慢慢形成，实现了应对气候变化与经济社会发展双赢的目标。

当前全球能源体系正经历着四大转变。根据国际能源署（IEA）发布的《2017世界能源展望》，当前全球能源体系经历的四大转变是：第一，清洁能源技术快速发展，成本不断下降。自2010年以来，新建太阳能光伏发电的成本已经降低了70%，风电成本降低了25%，电池成本降低了40%；第二，能源持续电气化。2016年，全球消费者的电力开支与石油产品开支基本持平；第三，中国经济结构中服务业占比提高，能源结构中清洁能源占比增加；第四，在当前油价较低的情况下，美国的页岩气和致密油发展韧性依然较强，巩固了其作为世界上最大石油和天然气生产国的地位。对于很多国家来说，可再生能源将会成为成本最低的新增发电能源。到2040年，太阳能将成为最大的单一低碳发电能源，届时，所有可再生能源在总发电量中的占比会达到40%，其中，欧盟可再生能源会占到新建发电产能的80%。

三、清洁能源发展情况

2017年，全球清洁能源投资增加。根据彭博新能源财经发布的数据，2017年，全球清洁能源投资总额达3335亿美元，比2016年修正后的3246亿美元增长3%。和历年投资数据相比，2017年清洁能源投资规模排第二位，雄踞第一位的是2015年3603亿美元的历史峰值，2010年以来，全球清洁能源累计投资规模达2.5万亿美元。2017年最亮眼的是光伏的装机量，全球光伏投资总量达1608亿美元，比2016年增长18%，中国的光伏投资总量达865亿美元，占全球总投资的50%以上，比2016年增长58%。

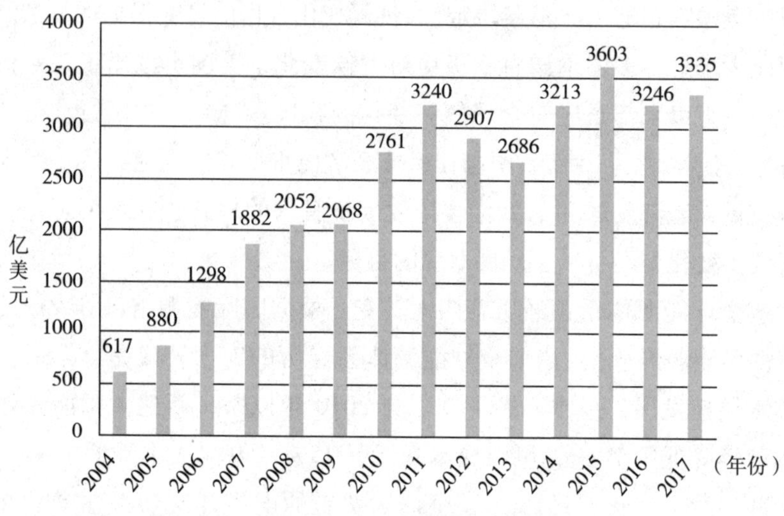

图 1－2　2004—2017 年全球清洁能源投资比较

资料来源：彭博新能源财经，2018 年 1 月。

注：①清洁能源包括大型水电以外的可再生能源，以及能源效率、需求响应、储能和电动汽车等能源智能技术。②2016 年数据有重大调整。

中国成为清洁能源最大投资国。2017 年中国对清洁能源的投资总量达到 1326 亿美元，再次打破纪录，比 2016 年增长 24%。美国仍是全球第二大清洁能源投资国，投资总量为 569 亿美元，比 2016 年增长 1%。澳大利亚和墨西哥的清洁能源 2017 年出现投资激增，澳大利亚投资规模也打破纪录，达 90 亿美元，比 2016 年增长 150%，投资主要项目集中在大型风电和光伏项目上。墨西哥投资规模达 62 亿美元，增长 516%。与此形成对比的是，2017 年，日本清洁能源投资 234 亿美元，下降 16%；德国投资 146 亿美元，下降 26%；英国投资 103 亿美元，下降 56%；整个欧洲清洁能源投资总量为 574 亿美元，比 2016 年下降 26%。

表 1－6　2017 年世界主要国家和地区清洁能源投资额

国家（地区）	清洁能源投资额（亿美元）	和 2016 年比较变化率
全球	3335	3%
美国	569	1%
加拿大	33	45%
中国	1326	24%

续表

国家（地区）	清洁能源投资额（亿美元）	和2016年比较变化率
日本	234	-16%
韩国	29	14%
印度	110	-20%
英国	103	-56%
德国	146	-26%
法国	50	15%
瑞士	17	-10%
意大利	25	15%

资料来源：彭博新能源财经，2018年1月。

全球清洁能源投资分布在三大重点领域。2017年，全球清洁能源投资总量的48%投入了光伏行业，投资额1608亿美元。全球最大的2个光伏项目都位于阿联酋，分别是价值8.99亿美元、容量1.2GW的Marubeni JinkoSolar和Adwea Sweihan电厂项目，以及估价9.68亿美元、容量800MW的Sheikh Mohammed Bin Rashid Al Maktoum III项目。第二大领域是风电投资，投资总量为1072亿美元，2017年中国共有13个海上风电项目，总容量3.7GW，预计投资总规模为108亿美元。第三大领域是能源智能技术，2017年智能电表、储能领域、智能电网、电动汽车等领域的投资打破以往纪录，达到488亿美元，比2016年增长7%。

清洁能源诸多细分领域的投资出现回落。2017年，生物质和垃圾发电技术投资额为47亿美元，下降36%；生物燃料投资额为20亿美元，下降3%；小水电投资额为34亿美元，下降14%；低碳服务投资额为48亿美元，下降4%；地热投资额16亿美元，下降34%；海洋能源投资额1.56亿美元，下降14%。

中国与乌克兰在可再生能源领域将深化合作。乌克兰政府2017年制定了“能源战略”，确定到2035年将可再生能源在能源结构中所占份额从现在的4%提高到25%。根据乌克兰政府新闻局发表的声明，乌克兰有意愿与中国在可再生能源领域进行合作，开展联合投资项目，建设生产可再生能源设备和材料的联合工厂，建立清洁能源项目融资机制。2017年中乌经贸合作小组委员会在北京举行，达成了合作协议。

风能成为印度最便宜的清洁能源来源。截至2017年3月底，印度风力发电排名世界第四，装机容量超过31GW。古吉拉特邦、泰米尔纳德邦、卡纳塔克邦、马哈拉施特拉邦、拉贾斯坦邦等是风电的主要应用地区。由于风能价格的急剧下降，使其与太阳能发电相比更具有竞争力，也使印度可再生能源比煤电更便宜。

第二章　2017年中国工业节能减排发展状况

第一节　工业发展概况

一、总体发展情况

2017年，我国经济增长总体平稳，经初步核算，国内生产总值为827122亿元，比上年增长6.9%。经济结构不断优化，新动能为经济增长的重要动力，经济增长质量不断提高。

2017年，全年全部工业增加值279997亿元，比上年增长6.4%。规模以上工业增加值增长6.6%，增速较上年提高0.6个百分点。工业生产增长自2011年以来首次加快，稳中向好态势明显。其中，全年规模以上工业战略性新兴产业增加值比上年增长11.0%，高技术制造业增加值增长13.4%，装备制造业增加值增长11.3%，增速分别高于整个规模以上工业6.8和4.7个百分点，占规模以上工业增加值的比重分别为12.7%和32.7%，新动能新产业新业态加快成长。

工业企业总体效益持续改善。全年规模以上工业企业实现利润75187亿元，比上年增长21.0%，增速比2016年加快12.5个百分点，是2012年以来增速最高的一年。在41个工业大类行业中，37个行业利润比上年增加。制造业利润增长18.2%，增速比2016年加快5.9个百分点。其中，高技术制造业利润增长20.3%，增速高于其他制造业。

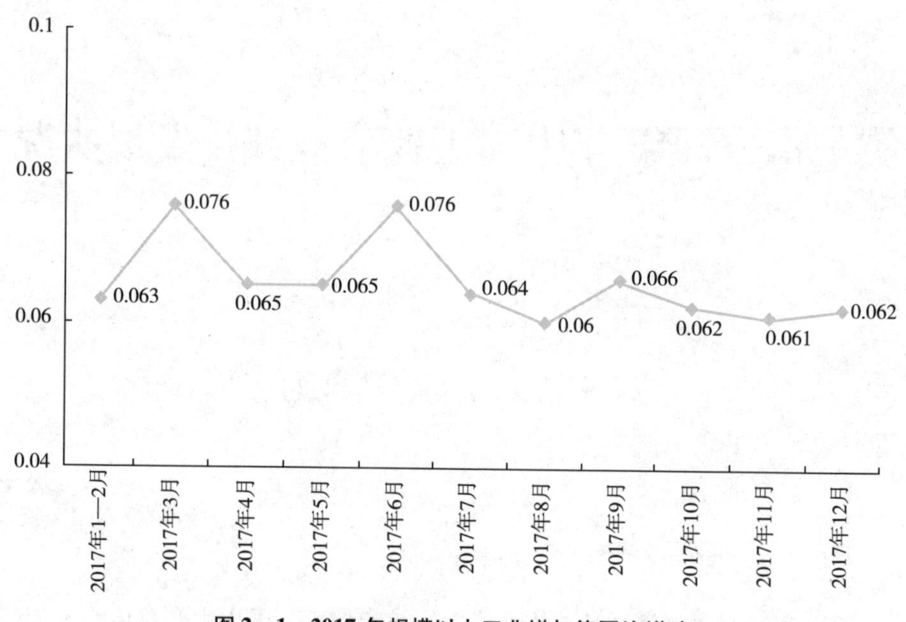

图 2-1　2017 年规模以上工业增加值同比增速

资料来源：国家统计局，2018 年 4 月。

二、重点行业发展情况

2017 年，我国坚持以推进供给侧结构性改革为主线，坚持以提高质量效益为中心，深化改革创新，狠抓政策落实，新动能新产业新业态呈加快成长态势，为工业转型升级打下牢固基础。

钢铁行业：2017 年，在推动供给侧结构性改革，着力化解钢铁过剩产能，彻底取缔“地条钢”等一系列政策的推动下，钢铁产业结构进一步优化，在 2016 年基础上实现稳中向好的发展态势。一是市场供需基本平衡，全国粗钢产量为 83172.8 万吨，同比增长 3%；受基础设施建设投资和工业产量增速的回升，国内钢材产量稳中有升。二是产品结构不断优化，2016 和 2017 两年出清“地条钢”约 1.4 亿吨；在钢材出口数量大幅下降的情况下，1—10 月出口额仅下降 0.3%，出口均价增幅达到 43.1%，表明我国出口钢材的结构、品质逐步提升。三是企业效益稳步增长，受益于铁矿石和钢材价格走势、企业强化降本增效等原因，多数钢铁企业经济效益好转，1—10 月，钢协会员企业销售利润率为 4.41%。

有色金属行业：一是产量稳定增长，十种有色金属产量为5377.8万吨，增幅3.0%，除12月增幅小幅回升外，增幅逐月收窄。二是企业效益持续向好，受益于供给侧结构性改革，国内有色金属的价格震荡上涨，有色金属冶炼和压延加工业利润增长28.6%。三是去产能、环境整治行动综合发力倒逼行业优化升级，2017年启动清理整顿电解铝违法违规项目的专项行动，总共涉及1100多万吨产能，有效遏制了电解铝新增产能过快增长的势头；环保政策进一步收严，根据《京津冀及周边地区2017年大气污染防治工作方案》《京津冀及周边地区2017—2018年秋冬季大气污染综合治理攻坚行动方案》，要求京津冀周边"2+26"城市在取暖季电解铝厂限产30%以上，涉及的"2+26"城市也是电解铝产能分布较为密集的地区，倒逼企业阶段性关停产能，有效改善了市场供需。

建材行业：2017年建材行业平稳增长。一是重点产品生产保持平稳，全国水泥产量达到215531.7万吨，比上年减少0.2%；平板玻璃产量达到73064.6万重量箱，比上年增长3.9%。二是产品价格持续上涨，上半年平均价格比上年同期高出6.3%，其中，水泥、平板玻璃上半年平均价格分别比上年同期高23.7%、12.5%。三是经济效益增长显著，全年非金属矿物质品业利润总额达到4446.60亿元，增长20.5%，增幅比上年提高9.3个百分点。

消费品行业：2017年，轻工业平稳较快增长，规模以上工业增加值同比增长8.5%，实现利润1.6万亿元，同比增长8.96%。纺织行业质量效益提升明显，全年纺织业实现利润总额2194.10亿元，同比增长3.5%，纺织服装出口已初步回暖，全年出口增速为5%左右，较上年有明显改善。全国规模以上食品工业企业完成主营业务收入105204.5亿元，同比增长6.6%；实现利润总额7015.6亿元，同比增长8.5%。医药制造业增加值同比增长13.1%，位居工业全行业前列；利润总额达到3002.90亿元，同比增长13.9%。家用电器行业主营业务收入15135.7亿元，同比增长18.7%；利润总额1169.3亿元，同比增长6.1%。

装备制造业：一是装备制造业呈现稳中向好态势，2017年以来，机械工业增加值增速持续高于全国工业和制造业增速的态势，增速始终保持在10%以上，其中，工程机械、内燃机、通用设备、机械基础等分行业的运行都好于上年。二是企业利润持续增长，1—12 月，通用设备制造业利润总额 3125. 40 亿元，累计增长 13. 5%；专用设备制造业利润总额 2490. 20 亿元，累计增长 29. 3%；汽车制造业利润总额 6832. 90 亿元，累计增长 5. 8%；电气机械和器材制造业利润总额 4674. 70 亿元，累计增长 7. 1%。三是产品结构优化，新能源汽车、工业机器人等产品产量高速增长，1—12 月，新能源汽车产量达到 79. 4 万辆，同比增长 53. 8%；工业机器人累计生产超过 13 万套，累计增长 68. 1%。

电子信息制造业：一是生产保持较快增长，2017 年，规模以上电子信息制造业增加值比上年增长 13. 8%，增速比 2016 年加快 3. 8 个百分点，快于全部规模以上工业增速 7. 2 个百分点。二是行业效益持续改善，全行业实现主营业务收入比上年增长 13. 2%，增速比 2016 年提高 4. 8 个百分点；实现利润比上年增长 22. 9%，增速比 2016 年提高 10. 1 个百分点。三是固定资产投资保持高速增长，2017 年，电子信息制造业 500 万元以上项目完成固定资产投资额比上年增长 25. 3%，增速比 2016 年加快 9. 5 个百分点，连续 10 个月保持 20% 以上高速增长。

第二节　工业能源资源消费状况

一、能源消费情况

经初步核算，2017 年，全年能源消费总量 44. 9 亿吨标准煤，比上年增长 2. 9%。煤炭消费量占能源消费总量的 60. 4%，比上年下降 1. 6 个百分点；天然气、水电、核电、风电等清洁能源消费量占能源消费总量的 20. 8%，比上年上升 1. 3 个百分点。全社会用电量累计增速同比提高。2017 年，全社会用电量 63077 亿千瓦时，同比增长 6. 6%。分产业看，第一产业用电量 1155 亿千瓦时，同比增长 7. 3%；第二产业用电量 44413 亿千瓦时，同比增长 5. 5%；第三产业用电量 8814 亿千瓦时，同比增长 10. 7%。

工业和制造业用电量同比增长，但增速均低于全社会用电量。全国工业用电量39473亿千瓦时，同比增长5.4%，增速比上年提高2.8个百分点，占全社会用电量的比重为68.9%。其中，轻工业用电量为6830亿千瓦时，同比增长7.1%，增速比上年提高2.6个百分点；重工业用电量为32643亿千瓦时，同比增长5.1%，增速比上年提高2.9个百分点。全国制造业用电量29658亿千瓦时，同比增长6.0%，增速比上年提高3.9个百分点。

二、资源消费情况

（一）水资源消费情况

2017年，我国水资源总量为28675亿立方米，全年总用水量6090亿立方米，比上年增长0.8%。万元国内生产总值用水量为78立方米，比上年下降5.6%。工业用水量比上年增长0.2%，万元工业增加值用水量为78立方米，比上年下降5.6%。

（二）矿产资源情况

原煤产量恢复性增长，原油产量降幅收窄，天然气产量增长较快。具体来看：原煤生产受上年去产能政策基数较低，以及当年先进产能释放等影响恢复性增长，全年产量34.5亿吨，比上年增长3.2%，上年为下降9.4%，仍低于2015年36.6亿吨水平；原油生产受国际市场原油价格低位运行、缓慢回升等影响，产量持续下降，全年生产1.9亿吨，比上年下降4.0%，降幅收窄2.9个百分点；天然气供需两旺，“煤改气”“油改气”和环保政策的落实推进使天然气消费需求持续攀升，全年产量1480.3亿立方米，比上年增长8.2%，加快6个百分点。在矿产品价格上涨的驱动下，大部分矿产品出现了恢复性增长态势。1—12月，全国粗钢产量8.3亿吨，同比增长3.0%；十种有色金属产量5377.8万吨，同比增长3.0%。

表2-1　2017年我国主要矿产品产量及增长速度

产品名称	单位	产量	比上年增长（%）
原煤	亿吨	34.5	3.2
原油	亿吨	1.9	-4.1
天然气	亿立方米	1480.3	8.2
粗钢	亿吨	8.3	3.0

续表

产品名称	单位	产量	比上年增长（%）
铁矿石	亿吨	12.3	7.1
黄金	吨	426.142	-6.0
十种有色金属	万吨	5377.8	3.0
磷矿石	万吨	12313.2	0.6
原盐	万吨	6266.6	3.8
水泥	亿吨	23.2	-0.2
平板玻璃	万重量箱	79023.5	3.5

资料来源：国家统计局，2017年12月。

2017年，煤炭消费量增长0.4%，原油消费量增长5.2%，天然气消费量增长14.8%。天然气消费量2373亿立方米，除9月外，当月产量增幅小于当月消费量增幅。

表2-2　2017年国内天然气当月产量和消费量同比增幅

同比增幅（%）	1月	2月	3月	4月	5月	6月	7月	8月	9月	10月	11月	12月
产量	—	—	10.5	15.0	10.5	14.6	14.7	11.7	10.7	15.4	3.0	2.9
消费量	1.4	11.0	13.48	21.7	18.5	22.3	27.6	29.0	7.4	26.9	16.8	13.6

资料来源：Wind数据，2017年12月。

第三节　工业节能减排状况

一、工业节能进展

经初步核算，2017年，全年能源消费总量44.9亿吨标准煤，比上年增长2.9%。煤炭消费量占能源消费总量的60.4%，比上年下降1.6个百分点；天然气、水电、核电、风电等清洁能源消费量占能源消费总量的20.8%，比上年上升1.3个百分点。全国万元国内生产总值能耗下降3.7%，顺利完成全年下降3.4%的目标任务。2017年，全年规模以上单位工业增加值能耗同比下降超过 4.6%、单位工业增加值用水量同比下降 5.6%，超额完成年度目标。

（一）工业结构优化升级成效显著

六大高耗能行业增加值比上年增长 3.0%，增速低于全部规模以上工业 3.6 个百分点，较上年回落 2.2 个百分点。工业战略性新兴产业增加值比上年增长 11%，增速较上年提高 0.5 个百分点，高于规模以上工业 4.4 个百分点。1—11 月，高技术制造业主营业务收入同比增长 13.4%，增速比全部规模以上工业高 2 个百分点；主营业务收入利润率为 6.68%，比全部规模以上工业平均利润率高 0.32 个百分点，同比提高 0.35 个百分点。

（二）工业能效持续提升

大力推广先进节能技术和产品，发布《国家工业节能技术装备推荐目录（2017）》和《“能效之星”产品目录（2017）》，推广 39 项工业节能技术、119 种工业节能装备及 80 种消费类家用电器“能效之星”产品。确定钢铁、电解铝等 6 个行业能效“领跑者”企业名单，开展重点用水企业水效领跑者引领行动，确定钢铁、纺织和造纸等行业 11 家企业为首批重点用水企业水效“领跑者”，推动企业对标达标。

产能过剩行业市场加速出清，市场供求关系明显改善。钢铁行业央企全年共化解钢铁过剩产能 595 万吨。截至 2017 年 10 月，已完成煤炭退出 1.5 亿吨产能的任务，两年合计化解过剩产能超过 5 亿吨，主动淘汰、停建、缓建煤电项目 51 个，煤炭资源管理平台公司整合煤炭产能 1 亿吨，并通过“一企一策”“处僵治困”，其中约 400 户实现出清。

单位产品能耗多数下降，经初步统计，2017 年，39 项重点耗能工业企业单位产品生产综合能耗指标中 8 成多比上年下降。其中，重点耗能工业企业单位烧碱综合能耗下降 0.3%，吨水泥综合能耗下降 0.1%，吨钢综合能耗下降 0.9%，吨粗铜综合能耗下降 4.8%，每千瓦时火力发电标准煤耗下降 0.8%。不难看出这些工业行业能耗指标下降幅度在不断收窄，节能降耗的工作难度也会随之加大。

（三）绿色制造示范工作常态化，标准引领作用不断凸显

开展绿色制造示范，发布首批绿色制造示范名单，包括 201 家绿色工厂、

193 种绿色设计产品、24 家绿色工业园区和 15 家绿色供应链管理示范企业。发布第二批 75 家工业节能与绿色发展评价中心名单。工业节能与绿色发展标准化行动计划全面启动，集中研究制定首批 286 项工业节能与绿色发展重点标准，加快建立健全工业节能与绿色标准体系。完善绿色产品、绿色工厂、绿色园区及绿色供应链评价要求等绿色标准规范，发布相关标准 19 项，有效支撑了绿色制造示范工作。

（四）高载能行业用电增速同比提高

2017 年 1—11 月，化学原料制品、非金属矿物制品、黑色金属冶炼和有色金属冶炼四大高载能行业用电量合计 16565 亿千瓦时，同比增长 4.3%，增速比上年同期提高 5.2 个百分点。其中，化工行业用电量 4057 亿千瓦时，同比增长 4.4%，增速比上年同期提高 3.2 个百分点；建材行业用电量 3016 亿千瓦时，同比增长 3.6%，增速比上年同期提高 1.2 个百分点；黑色金属冶炼行业用电量 4497 亿千瓦时，同比增长 1.4%，增速比上年同期提高 6.4 个百分点；有色金属冶炼行业用电量 4994 亿千瓦时，同比增长 7.5%，增速比上年同期提高 8.0 个百分点。

（五）全国碳市场建设工作取得积极成果，工业绿色低碳转型深入推进

2017 年，全国万元国内生产总值二氧化碳排放下降 5.1%，全国碳市场建设工作取得积极成果。持续推进碳排放权交易试点，截至 2017 年 9 月，7 个试点碳市场共纳入 20 余个行业、近 3000 家重点排放单位，累计成交排放配额约 1.97 亿吨二氧化碳当量，累计成交额约 45.16 亿元。目前，试点已完成 3—4 次碳排放权履约，减排初见成效。建立统一的碳排放权交易市场，组织起草了全国碳排放权交易市场建设方案、市场监督管理办法、企业碳排放报告管理办法，包括《碳排放领域失信联合惩戒备忘录》等相关的配套措施、配套制度。组织建设碳排放数据报告系统。工业领域，按照《工业绿色发展规划（2016—2020 年）》要求，积极推动构建绿色制造体系，加快工业低碳转型发展。深化国家低碳工业园区试点工作，加快扩大工业园区试点数量，继续组织创建国家低碳产业示范园区。

二、工业领域主要污染物排放

（一）工业废水及污染物排放情况

2016 年，全国废水排放量 711. 1 亿吨，比上年减少 3. 3%。全国废水中化学需氧量和氨氮排放量分别为 1046. 5 万吨、141. 8 万吨，分别比上年减少 52. 9% 和 38. 3%。

表 2－3　2011—2016 年废水中主要污染物工业源排放情况

年份	废水排放量（亿吨）		化学需氧量排放量（万吨）		氨氮排放量（万吨）	
	总量	工业	总量	工业	总量	工业
2011	659. 2	230. 9	2499. 9	354. 8	260. 4	28. 1
2012	684. 8	221. 6	2423. 7	338. 5	253. 6	26. 4
2013	695. 4	209. 8	2352. 7	319. 5	245. 7	24. 6
2014	716. 2	205. 3	2294. 6	311. 3	238. 5	23. 2
2015	735. 3	199. 5	2223. 5	293. 5	229. 9	21. 7
2016	711. 1		1046. 5		141. 8	

资料来源：《中国环境统计年报》（2011—2016）。

（二）工业废气及污染物排放情况

2016 年，全国二氧化硫、氮氧化物、烟（粉）尘排放量分别为 1102. 9 万吨、1394. 3 万吨、1010. 7 万吨，较上年分别减少 40. 7%、24. 7%、34. 3%。

表 2－4　2011—2016 年废气中主要污染物工业源排放情况

年份	二氧化硫（万吨）		烟（粉）尘（万吨）		氮氧化物（万吨）	
	总量	工业	总量	工业	总量	工业
2011	2217. 9	2017. 2	1278. 8	1100. 9	2404. 3	1729. 7
2012	2117. 6	1911. 7	1234. 3	1029. 3	2337. 8	1658. 1
2013	2043. 9	1835. 2	1278. 1	1094. 6	2227. 4	1545. 6
2014	1974. 4	1740. 4	1740. 8	1456. 1	2078. 0	1404. 8
2015	1859. 1	1556. 7	1538	1232. 6	1851. 9	1180. 9
2016	1102. 9		1010. 7		1394. 3	

资料来源：《中国环境统计年报》（2011—2016）。

（三）大气污染防治重点区域废气污染物排放情况

2017年为《大气污染防治条例》收官之年，各地加大环境整治力度，环保部对京津冀及周边城市进行多轮督查，工信部对钢铁、电解铝等重点工业行业、工业企业错峰生产等加大督导力度，京津冀地区下半年空气质量比上年明显改善，全年PM2.5和PM10浓度分别为64微克/立方米和113微克/立方米，较上年分别减少10%、4.9%。长三角区域PM2.5浓度为44微克/立方米，同比下降4.3%；PM10浓度为71微克/立方米，同比下降5.3%。珠三角区域PM2.5、PM10浓度分别为34微克/立方米、53微克/立方米，均达到国家二级年均浓度标准。

表2－5　2017年三大重点区域主要污染物排放情况

污染物种类	京津冀地区		长三角地区		珠三角地区	
	平均浓度（μg/m³）	变化率（%）	平均浓度（μg/m³）	变化率（%）	平均浓度（μg/m³）	变化率（%）
PM2.5	64	－10.0	44	－4.9	34	6.8
PM10	113	－4.9	72	－4.6	52	6.6

资料来源：《74城市空气质量状况报告》，2017年12月。

三、工业资源综合利用情况

（一）大宗工业固废综合利用情况

《2017年全国大中城市固体废物污染环境防治年报》数据显示，2016年，全国发布信息的214个大、中城市一般工业固体废物产生量为14.8亿吨，其中综合利用量为8.6亿吨，处置量3.8亿吨，贮存量5.5亿吨，倾倒丢弃量11.7万吨。一般工业固体废物综合利用量占利用处置总量的48%，处置和贮存分别占21.2%和30.7%。工业危险废物产生量为3344.6万吨，其中综合利用量1587.3万吨，处置量1535.4万吨，贮存量380.6万吨。工业危险废物综合利用量占利用处置总量的45.3%，处置、贮存分别占比43.8%和10.9%。

表 2－6　重点发表调查工业企业大宗工业固体废物综合利用情况

种类	产生量	综合利用量	综合利用率（%）
尾矿（亿吨）	8.3	2.2	26.2
煤矸石（亿吨）	3.4	2.2	64.4
粉煤灰（亿吨）	4.5	3.8	83.3
冶炼废渣（亿吨）	3.3	3.0	92.1
炉渣（亿吨）	2.8	2.4	82.7
脱硫石膏（万吨）	8672.6	7027.9	80.4

资料来源：《2017 年全国大中城市固体废物污染环境防治年报》。

（二）再生资源行业发展政策环境逐步优化，回收总量和价格稳步提升

2017 年是实施生产者责任延伸制度的第一年，加大对再生资源行业的整顿，1 月出台《关于加快推进再生资源产业发展的指导意见》，多部委联合开展电子废物、废轮胎、废塑料、废旧衣服、废家电拆解等再生利用行业清理整顿，取缔一批污染严重的企业。

《中国再生资源回收行业发展报告 2017》的数据显示，截至 2016 年底，我国废钢铁、废有色金属、废塑料、废轮胎、废纸、废弃电器电子产品、报废汽车、废旧纺织品、废玻璃、废电池十大类别的再生资源回收总量约为 2.56 亿吨，同比增长 3.7%。2016 年，我国十大品种再生资源回收总值约为 5902.8 亿元，受大宗商品价格上涨影响，主要再生资源品种价格持续走高，同比增长 14.7%。2016 年，我国废钢铁、废有色金属、废塑料、废纸四大类别的再生资源共进口 3990.4 万吨，同比下降 2.8%。

（三）再制造工作进展

2017 年，在总结机电产品再制造试点示范、产品认定、技术推广、标准建设等工作基础上，全面评估产业发展现状和面临的形势，编制了《高端智能再制造行动计划（2018—2020 年）》，对进一步开展以高技术含量、高可靠性要求、高附加值为核心特性的高端智能再制造进行了部署。继续组织再制造产品认证工作，发布《再制造产品目录（第七批）》。

第三章　节能环保产业发展

第一节　总体状况

节能环保产业是为资源能源节约和生态环境保护提供物质基础、技术保障和服务的综合性新兴产业。党的十九大报告将壮大节能环保产业、清洁生产产业、清洁能源产业，推进资源全面节约和资源循环利用作为建设美丽中国、推进绿色发展的重要任务。

一、发展现状

（一）产业规模发展迅猛

受国家加快生态文明建设、加快绿色发展等系列措施实施推动，近 5 年来，我国节能环保产业保持高速增长，但节能环保产业增加值占 GDP 比重仍然偏低。2017 年，我国节能环保产业总产值从 2012 年的 2. 99 万亿元增加到 6. 1 万亿元，年均增速超过 15%，但节能环保产业占国民经济比重仅约为 3%，尚待进一步发展。随着国家推进美丽中国建设，加大对节能环保产业扶持力度，我国节能环保产业的发展空间更加广阔，市场增量快速增长。

（二）产业集中度有所提高

从企业规模上看，我国节能环保行业以小微企业为主，例如，在环保企业中，50 人以下规模的企业占比高达 92%，导致缺乏规模经济效应，多数节能环保企业市场竞争力不足，具备提高综合一体化解决方案的节能和环境服务企业占比较低。近年来，随着节能环保产业的逐步发展壮大，年营业收入超过 10 亿元的节能环保企业已达到 70 余家，一批节能环保产业基地发展势头良好，节能环保产业集中度进一步提高。

（三）产业结构向服务化转变升级

目前，节能环保产业中的节能环保装备制造业占比仍然较大，且主要以传统装备制造业为主，低功耗高效率的先进环保技术装备与产品的市场占有率较低。随着产业的进一步发展优化，节能环保产业的结构逐步向服务化升级，节能环保服务业所占比重进一步增加。2017 年，节能服务业总产值由 2008 年的 417. 3 亿元增至 4148 亿元，节能环保服务业的发展速度高于节能环保产业的其他领域。

（四）技术装备水平大幅提升

目前，膜生物反应器、高效燃煤锅炉、高压压滤机和高效电机等技术装备已经达到国际领先水平，同时，煤炭清洁高效利用、燃煤机组超低排放和再制造领域的关键共性技术已经获得重大突破，既具备余热余压利用、脱硫除尘、生活污水处理和绿色照明等装备的供给能力，也在各个行业进行了广泛推广应用。在节能环保服务业，广泛采用了合同能源管理、环境污染第三方治理等有效服务模式，部分节能环保装备和产品的生产制造企业逐渐向生产服务型或综合解决方案提供商转变。

二、主要推动措施

节能环保产业是战略性新兴产业之一，从 2010 以来，国家有关部门出台多项政策措施推动节能环保产业发展，发布了《“十二五”国家战略性新兴产业发展规划》《“十二五”节能环保产业发展规划》等多个文件，2016 年 12 月，国家发改委等部门联合印发了《“十三五”节能环保产业发展规划》，进一步向全社会阐明了国家加快推动绿色发展、大力推动节能环保产业壮大的战略意图。

（一）提升技术装备技术水平

一是提升节能装备技术水平。围绕工业锅炉、电机系统、余能回收利用、照明和家电、绿色建材等领域，提高节能装备技术水平，促进节能产业发展。为促进高效节能技术、装备的推广应用，工信部组织编制了《国家工业节能技术装备推荐目录（2017)》和《国家工业节能技术应用指南与案例

(2017)》。同时，加大研发投入力度，加强核心技术攻关，淘汰落后的生产和供给能力，着力提高节能环保产业的整体供给水平，全面提升节能环保装备和产品的竞争力。

二是提升环保装备技术水平。在大气污染防治、城镇生活垃圾和危险废物处理处置等领域，提升环保技术装备供给能力。2017 年 10 月 17 日，工业和信息化部发布《关于加快推进环保装备制造业发展的指导意见》（工信部节〔2017〕250 号），提出了环保装备发展的五个方向：一是强化技术研发协同化创新发展；二是推进生产智能化绿色化转型发展；三是推动产品多元化品牌化提升发展；四是引导行业差异化集聚化融合发展；五是鼓励企业国际化开放发展。并在加强行业规范引导、加大财税金融支持力度、充分发挥中介组织支撑作用等方面提出了保障措施。2017 年 9 月，经国务院同意，财政部、国家税务总局、环境保护部等 5 部门联合公布《关于印发〈节能节水和环境保护专用设备企业所得税优惠目录（2017 年版）〉的通知》，推动节能节水和环境保护专用设备企业发展水平提升。

（二）创新节能环保服务模式

我国积极推动节能环保服务模式创新，培育节能环保新业态。一是重视节能环保服务产业发展，推动合同能源管理服务等模式创新，不断促进利益分享机制改善，积极推动满足用能单位个性化需要的商业模式，例如：推广节能量保证、能源费用托管、融资租赁等模式。推进节能环保服务业产业链延伸，引导企业积极开展节能环保咨询、监测、检测、审计、评估和认证等服务，推动节能环保服务公司整合资源，提供设计、融资、建设和运营等系统化的“一站式”服务，不断促进节能环保服务由单一设备、单一项目改造向系统优化、区域能效和环保水平提升方向拓展。二是推动环保行业广泛采用 PPP 模式，引导地方政府、产业资本和金融资本等多方共同投资环保项目，促进传统产业向环保化发展。目前，诸多实力雄厚的大型企业通过收购或是设立子公司的方式进军环保行业，例如中石化、中冶集团、中国建筑、中国铁建等。三是采取措施推行环境治理的整体式设计、模块化建设以及一体化运营。在环境基础设施投资运营服务领域鼓励采用特许经营、委托运营等方式，地方政府积极采用环境绩效合同服务模式，各项有力措施和模式应用推动我国环境治理向整体化、模块化和系统化发展。

第二节　节能产业

一、发展特点

（一）产业规模保持快速增长

节能产业是指采用新材料、新装备、新产品、新技术和新服务模式，在全社会能源生产和能源利用的各领域，尽可能减少能源资源消耗和高效合理利用能源的产业。在我国，工业占全社会能源消费的比重达到68%左右，工业是节能的主要领域。2012—2017年，我国节能产业飞速发展，对推动工业和全社会节能技术改造、增加就业、减少能源资源消费、降低污染物排放和促进经济转型升级都发挥了积极的作用，节能产业也是我国建设美丽中国、促进经济提质增效的重要抓手。其中，节能服务产业逐渐从起步走向成熟，在我国节能技术研发、应用、推广和节能项目投资领域发挥了不可或缺的积极作用。尤其是2017年，在加快生态文明建设的大环境下，在节能服务企业和相关平台的努力和推动下，节能服务产业的产值规模和从业规模进一步壮大。

图3－1　2010—2017年节能服务产业产值

资料来源：EMCA，2018年1月。

2017 年，我国节能服务产业总产值为4148 亿元，同比增长 16. 3%。合同能源管理项目形成节能能力 3812. 3 万吨标准煤，比上年增长 6. 5%，形成减排二氧化碳能力 10331. 3 万吨。

（二）节能服务综合能力进一步提升

中国节能协会节能服务产业委员会（EMCA）的统计数据显示：2017 年，全国共有节能服务企业数量达到 6137 家，比上年增长了 5. 5%。从业人员规模达到 68. 5 万人，比上年增长了 5. 1%。超过 50 万人从科研院所、工程安装、设备销售以及能源供应等行业进入节能服务产业。在节能产业中，一些高端和规模较大节能项目被行业大型跨国公司和国内大型企业、知名科研院所占据市场，例如西门子、中国节能环保集团、施耐德、南方电网等，但数量众多的中小型节能服务企业也占有一定比例的市场份额，这些中小节能服务企业主要面对中低端能效管理市场。随着合同能源管理等商业模式的进一步规范应用，合同管理等新模式的应用领域不断扩大，从原有的以工业、建筑、照明等领域为主，逐渐拓展到分布式能源、太阳能光伏、生物质利用和一些新建项目等方面。此外，经过多年发展，我国节能服务公司的队伍结构、专业能力不断优化增强，节能技术创新和应用能力不断加大，高效、有序、规范的节能服务市场初步建立，整体节能服务能力进一步提升。

图 3－2　2011—2017 年中国节能服务产业企业数量

资料来源：EMCA，2018 年 1 月。

（三）节能技术装备水平明显提高

2013年以来，我国深入落实《重大节能技术与装备产业化工程实施方案》，通过研发和示范重大节能项目，一批先进适用的节能技术与装备逐步推广应用，在工业余热利用、工业余能利用、高效锅炉、高效电机和高效家电等重点领域，节能装备的国产化供给水平显著提高，形成了具有自主知识产权的重大节能产品和装备的供给能力，形成了一批具有市场竞争力的企业。在节能技术装备推广应用方面，高效电机、节能与新能源汽车等领域成效显著。通过持续实施能效领跑者计划，公布高效空调、冰箱、水泵、空压机、风机等民用和工业用终端用能产品目录，推动工业用户购买高效用能装备，鼓励消费者购买高效家电产品，我国高效节能产品与装备市场占有率有望突破45%。通过政府和产业界的多方面努力，我国初步建立了政策和市场双核驱动的节能技术装备产业应用体系。

（四）绿色金融逐步扩大

随着节能产业商务模式的不断创新，节能产业资源的持续整合，节能产业在融资方面取得开创性进展。首先，能效信贷规模进一步扩大。在银监会出台的《节能减排授信工作指导意见》（2007年）、《绿色信贷指引》（2012年）、《能效信贷指引》（2015年）的指导下，不断创新绿色金融产品，尤其是针对合同能源管理项目存在的合同期长、前期资本投入大、节能服务公司轻资产无抵押物的特点，开展了一系列服务。例如：北京银行推出“节能贷”，光大银行杭州分行推出“合同能源贷”等。截至2016年上半年，我国21家主要银行业金融机构绿色信贷余额达7.26万亿元，其中节能环保项目和服务贷款余额5.57万亿元。其次，多个节能基金先后组建和运营，拓展了节能融资渠道。例如：中国节能环保产业基金、中能绿色基金、山西省节能环保创业投资基金等的良好运营，大大促进了节能产业发展。最后，融资租赁、股权交易平台、私募债、互联网金融等多种融资渠注入节能产业，进一步拓展了融资渠道，加速了节能产业的发展。

二、技术装备

我国节能产业围绕锅炉、电机、余热回收、节能家电、绿色照明、节能与新能源汽车等领域，不断加大研发投入力度，加强科技创新，推进节能技术与装备产业化进程，节能技术装备水平不断提高。

（一）锅炉领域

重点提高锅炉自动调节和智能燃烧控制水平。主要开发和突破的技术包括：锅炉系统能效在线诊断与专家咨询系统、主辅机匹配优化技术。重点推广应用的技术包括：工业煤粉锅炉、循环流化床和生物质成型燃料锅炉。重视提高锅炉热效率，促进锅炉运行管理水平提升，推动实施燃煤锅炉和锅炉房系统节能改造。同时，开展锅炉专用煤集中加工，提高锅炉燃煤质量，持续推动老旧供热管网、换热站改造，促进锅炉节能技术水平提高。

（二）电机系统领域

围绕电机系统生产、使用、回收及再制造等关键环节，重点推进无功补偿控制系统和特大功率高压变频等核心技术应用，促进冷轧硅钢片以及新型绝缘材料等材料的大规模推广，强化高效风机水泵等机电装备整体化设计，进一步推动电机与现代信息控制技术、电力电子技术和计量测试技术深入融合。在提高电机系统整体运行效率方面，以推广稀土永磁无铁芯电机、电动机用铸铜转子技术为切入点，全面提升电机系统能效。

（三）余能回收利用领域

积极推动中低品位余热余压资源回收利用。通过开发炉渣、钢坯和钢材等余热回收利用技术，推进固态余热资源回收利用。推动新型相变储热材料、余热温差发电、液态金属余热利用换热器等关键技术研发，积极推进跨行业协同利用余热余压以及余热供暖应用，促进重点工业行业余能回收。在钢铁行业，焦炉继续实施煤调湿改造，开发热态炉渣余热高效回收利用技术、换热式两段焦炉技术等；在有色金属行业，重点建设冶炼烟气废热锅炉和发电装置；在化工行业，硫酸生产低品位热能利用技术和炭黑余热利用技术不断推广；在建材行业，低温余热发电系统在新型干法水泥生产线上全部配备，进一步加大玻璃熔窑余热发电、煤矸石烧结砖生产线余热发电等技术推广应用。在轻工行业，加大对造纸生产实施全封闭气罩热回收节能技术改造，余热余压回收利用技术水平显著提升。

（四）家电照明领域

大力推动半导体照明节能产业发展水平提升。推进高纯金属有机化合物、生产型金属有机源化学气相沉积设备等关键设备和材料产业化，支持 LED 智能系统技术发展。进一步提高空调、冰箱、热水器等量大面广的家用电器能效水平，深入推进智能控制、低待机能耗等通用技术应用。通过加大能效标识和节能产品认证制度实施力度，推广一级和二级能效的节能家用电器、办公商用设备以及半导体照明等高效照明产品，引导消费者购买高效节能产品。

三、典型企业

（一）合康新能

合康新能全称是北京合康新能科技股份有限公司，成立于 2003 年，位于北京中关村高科技园区，2010 年 1 月在深交所上市（证券代码：300048）。合康新能是高压变频器行业的领先企业，产品涉及高、中、低压变频器的研发、生产、销售，主要关注领域为节能减排和工业控制。

1. 经营状况

截至 2017 年 6 月，合康新能注册资本 11 亿元，净资产为 26.4 亿元。合康新能有 4 家全资子公司，31 家控股子公司，并设有一个重点实验室以及一个技术中心。在 1800 余人的员工队伍中，科研及开发人员的占比高达 28%。合康新能拥有完善的售后服务网络，其办事处遍布全国，产品销售市场遍布世界 20 多个国家。合康新能的业务领域包括：工业自动化、节能环保以及新能源汽车等，涉及冶金、水泥、电力、石油、机床、轨道交通等诸多行业。

2. 主营业务

近年来，合康新能的主营业务从工业自动化节能设备制造进行横纵向延伸，形成了三大板块：节能设备制造、节能环保项目建设运营和新能源汽车总成配套及运营。合康新能具有完备变频器产品线，产品范围涵盖高、中低压及防爆变频器等全系列变频器产品、伺服产品及相关产品。在节能设备制造领域，在节能设备高端制造业，合康新能生产的高压变频器，广泛应用于冶金、电力、建材、矿业、石化和军工等领域，可对风机、水泵、空气压缩机在内的各种负载实现软启动、调速节能和高效智能控制，能够大幅提高工业企业的能效和自动化控制水平。合康新能生产的中低压变频器已经在冶金、煤炭、纺织化纤、石油化工、电力等行业大范围使用，能够有效应用于大部分电机拖动场景，实现工艺能效提高、调速、节能、软启动等。其交流伺服系统已经达到国内领先水平，广泛应用于包装机械、数控机床、雕刻机械、纺织机械等自动化改造方面。在节能环保项目建设和运营领域，主要是以华泰润达和滦平慧通为主。其中，华泰润达业务范围主要是工业余热余能利用、工业节能改造、燃煤电厂超低排放等，可提供项目设计规划、可行性研究、评估、场内设计、工程施工、运行管理等整套完善的系统解决方案。公司的业务模式包括：EPC、EMC、PPP、设备销售及其他技术服务模式。

3. 竞争力分析

首先，合康新能具有较强的研发实力，是高压变频器国家标准的制定单位之一，其产品的实用化设计技术全国领先。例如：合康新能的高压变频矢量控制和功率单元能量回馈技术处于国内领先水平。其次，合康新能技术研发团队稳定。在2010年上市后，公司吸纳了一批优秀研发人才。且管理层非常重视研发，视研发为公司发展的基石。2011年，公司研发的同步电机矢量控制带能量回馈变频器填补了国内空白，打破了国外同类产品在该领域的长期垄断。2012年，公司生产的6kV大功率高压变频调速系统成功应用于发电厂脱硫脱硝引风机变频改造，市场前景较大。此外，公司生产的高压变频器在很多行业和领域都是首台首例产品。再次，合康新能品牌竞争力较强。由于拥有完整的产品系列，产品品质稳定可靠，公司长久居于行业龙头地位，客户基础广泛，形成较高的市场占有率。尤其是武汉高中低压及防爆变频器生产研发基地投产后，公司产品结构进一步优化，频器产品生产线更为完整，满足客户多元化需求的能力进一步提升。最后，公司拥有提供整体解决方案的实力。不仅可以提供稳定可靠的产品，还可以提供一揽子完备的系统解决方案，包括：项目规划、可行性研究、评估、场内设计、工程施工、运行服务等。

（二）中材节能

中材节能全称是中材节能股份有限公司，是中材集团旗下企业，主要从事余热余压利用业务，注册资本3.27亿元，是国内领先的余热发电全方位服务商。截至目前，中材节能已为我国超过200条水泥窑生产线配备了低温余热发电系统，涵盖钢铁、化工、冶金等多个行业的余热利用，其节能减排系列装备已开始规模化出口。

1. 经营状况

2016年，中材节能按照企业“十三五”发展战略指导思想，注重战略支撑体系建设，强化市场营销，大力开拓国际市场，着力成本控制，加强基础管理，提质增效。2016年，中材节能整体保持稳定发展，营业收入达到14.97亿元，利润达到1.7亿元，总体生产经营状况较好。具体情况如下：公司新签订工程装备合同13.1亿元，与上年同期相比增长15.4%。其中余热发电、生物质和自备电站、垃圾综合利用设备、新型墙材工程项目占比分别达到19.08%、1.01%、27.8%和33.21%，尤其是生物质锅炉新签合同额同比增长2.84倍，工业锅炉新签合同额同比增长89.66%。新签合同中，国内市场占比约80%，国外市场占比约20%，国外市场布局稳定。2017年，中材节能在建及投入运营的余热发电BOOT/EMC项目20个，其中16个已经投产发电，累计发电量达到4.6亿度。

2. 主营业务

中材节能主要从事工业余热余压的技术开发、综合利用和产业化，具备设计、对外贸易经营、对外工程总承包等多种经营资质，具体包括余热发电项目的投资、开发、系统集成、设计、咨询和工程总承包，对清洁发展机制项目提供开发方案和咨询。中材节能是我国唯一由国家商务部批准的同时具备承包境外低温余热发电系统工程和境内国际招标工程业务资质的公司。中材节能的投资模式以BOT为主，也涉及EMC、合资经营、能源审计等多种投资方式。合同能源管理模式由中材节能与客户签订能源项目服务合同，以合同期内客户的节能效益来支付当前的节能项目成本。中材节能为高能耗企业的余热发电提供高效“一揽子”解决方案，一般签订EPC和EP合同。中材节能一直重视大型余热发电装备的国产化研发，通过多年来大力整合资源，目前已经成为国内市场知名余热发电设备供应商。

3. 竞争力分析

一是起步早，市场业绩多，在余热发电领域具有较强市场竞争力。中材节能已成功为我国200多条水泥窑配备低温余热发电系统，而且其余热利用项目在钢铁、化工、冶金等行业已经大规模应用。二是研发能力强。中材节能拥有从事余热发电领域的专业研发技术队伍，包含研发、设计、工程管理、经营管理多层次人才，长期针对节能减排重大技术进行攻关，拥有低温余热发电系统专利技术，技术水平保持世界前列。三是可提供系统解决方案。中材节能集研发、设计、装备制造、工程总承包、咨询与技术服务、清洁生产机制全过程服务于一体，系统集成能力一流，可根据不同行业余热利用需要，快速选择不同热力系统和技术流程，找出最佳性价比余热利用技术方案，并提供余热发电“一揽子”解决方案。中材节能还利用其强大的资金实力，以BOT（建设—运营—移交）等模式实现与客户合作，取得了良好效果。

（三）隆华节能

洛阳隆华传热节能股份有限公司简称隆华节能，是我国最大的高效复合型冷却（凝）设备研发和制造基地，也是我国卓越的系统性冷却（凝）方案的设计和设备制造商，是河南省工业传热节能设备工程技术研究中心。隆华节能已经于深圳创业板上市，股票代码300263。

1. 经营状况

2016年，在国内外经济形势严峻复杂、市场竞争激烈的不利环境下，隆华节能强化内部管理，注重新产品的研发，坚持以市场为导向，不断加大市场开拓力度，持续推动转型战略。业务继续围绕节能、环保和新材料三个板块展开。受石油、化工和火电等行业不景气、产能过剩、投资不足等因素影响，换热行业竞争激烈，行业盈利能力下降幅度较大，出现普遍利润下滑甚至亏损情况。此外，在传热节能、环保水处理及新材料上也均面临较大压力，特别是传热节能业务，受到上游行业产能过剩、竞争激烈，原材料价格波动等多种不利影响。在此背景下，2016年，隆华节能营业收入达到8.12亿元，与上年相比下降40%，利润为674.5万元，与上年相比下降95.9%。

2. 主营业务

隆华节能的业务主要围绕节能、环保和新材料三大领域。其中，传热节能板块是公司的传统业务，在全行业具有领先优势。尤其是隆华节能的复合冷产品在石油和化工行业的市场占有率高达80%，空冷器产品的市场份额也处于行业前茅。环保水处理也是隆华节能的另一项支柱产业，其下属子公司中电加美在工业水处理领域居于行业领先水平，掌握多项专有技术，填补了国内空白。2016 年，在市场不景气情况下，隆华节能依然保持了一定市场份额。在市政水处理领域，承担了新疆昌吉、河北涉县等项目。2015 年开始，公司开始发展新材料业务块，其子公司四丰电子在钼靶材领域处于龙头地位，产品性能已经可以稳定地达到或超过国外进口同类产品，该板块发展迅速。

3. 竞争力分析

隆华节能多年来打造了一个全面综合型经营管理团队，该团队能够适应现代化大型企业发展，团队包含各专业领域技术专家、企管专家、营销专家、金融投资专家和其他专业人才，整个管理团队保持较高素质和水平。隆华节能的核心竞争力还主要来源于在制造业的多年经验积累、文化积淀和市场口碑。例如：隆华节能生产的复合冷产品换热效率高，多年来在复合冷产品领域处于领先和龙头地位。由于换热领域普及面会逐步增强，工业换热在能源和制造行业具有需求刚性，虽然目前行业处于周期性低谷，但总体需求仍然存在并将持续增长。随着大量行业内小公司在竞争中逐步退出市场，当行业周期回暖时，隆华节能的竞争力将进一步凸显。此外，子公司在水处理板块中具备较强的技术领先性，水处理业务重心向市政水处理的转型取得进展。旗下四丰电子公司在溅射靶材领域的竞争优势十分明显，这些管理、技术和品牌方面的优势，都为隆华节能的进一步发展奠定了良好基础。

第三节　环保产业

我国的环保产业经过 20 多年的发展，已经在大气、污水、固废处理处置、环境服务等重点领域形成了多元化产业格局，产业业态覆盖环保设备、工程设计、工程建设、运营维护、环境咨询等领域。近 10 年来，我国环保产业产值年增速均超过 15%，始终处于快速发展阶段。“十三五”期间，随着美丽中国建设任务的深入落实，我国环保产业仍将保持高速发展。

一、发展特点

（一）产业规模进一步扩大

近年来，我国环保产业规模保持高速增长态势。2016 年，我国环保产业估算实现产值 1.82 万亿元。其中，环保装备制造业实现产值 6200 亿元，是 2011 年产值的 2 倍；环境服务业产值约 1.2 万亿元，占环保产业总产值的 66%，环境服务业产值进一步超过环保装备制造业。环境投资总额快速增长。2016 年，我国环境治理投资总额达到 9219.80 亿元，是 2010 年的 8 倍，年复合增长率达到 14.8%。环境治理投资占国内生产总值的比重为 1.24%，和欧美等发达国家环境治理投资占国内生产总值的比重达 2.5% 的水平相比仍有一定差距，我国污染治理投资额仍有较大提升空间。

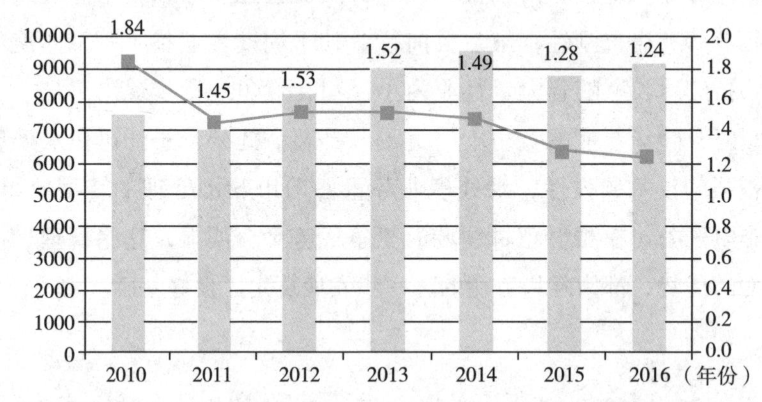

图 3－3　2010—2016 年全国环境污染治理投资总额及占 GDP 比重

资料来源：国家统计局，2017 年 2 月。

（二）产业集中度仍有较大提升空间

目前，大气污染治理、污水治理、固体废弃物处理是我国环保行业的主要三大业务领域，虽然企业数量众多，但产业集中度有所提升。目前，火电脱硫市场集中度较高，前 10 家脱硫公司市场份额达到 62.0%；火电除尘市场也已经成熟，以龙净环保、菲达环保为代表的主要企业市场占有率超过 60%；火电脱硝市场发展仍然较为缓慢。垃圾焚烧和水处理行业产业集中度低，有较大提升空间。2016 年，我国垃圾焚烧行业前三名的企业分别为锦江环境、康恒环境、光大国际，这三家企业在全国垃圾焚烧领域的市场占有率分别为11.2%、10.6%和9.1%，尽管占有率有所提升，但总体行业集中度仍然偏低。我国生活污水处理市场结构更加分散，大量的污水处理产能分布在各地区的水务、市政部门或者地区小型水处理企业，多数地方水务主管部门和水处理企业的污水处理能力少于50万吨/日，处理规模最大的首创股份的处理能力仅占全国的6%，9家上市公司的合计处理能力仅占全国的1/4。

（三）环保技术装备水平大幅提升

近年来，随着工业绿色转型步伐加快，我国环保装备制造业发展模式持续创新，环保服务领域不断拓宽，我国环保技术装备水平大幅提升，部分装备技术水平达到国际领先。2017年前11个月，我国生产环境污染防治专用设备64.3万台，同比增长5.19%。为提升我国环保装备制造水平，实现环保技术装备有效供给，促进环保产业健康发展，工信部等部门发布了《关于加快推进环保装备制造业发展的指导意见》，从大气污染防治装备、水污染防治装备、固体废物处理处置装备、土壤污染修复装备、资源综合利用装备、环境污染应急处理装备、环境监测专用仪器仪表、环境污染防治专用材料与药剂、噪声与振动控制装备等九个重点领域推进环保设备制造水平提升。同年，工信部、科技部联合印发《国家鼓励发展的重大环保技术装备目录（2017年版）》，共计146项重大环保技术装备，包括27项研发类、42项应用类和77项推广类，涉及烟气脱硝、湿法脱硫、废水处理等大气和水等污染防治技术。随着推荐环保装备产业发展的各项政策措施进一步落实，我国环保技术装备水平将快速提升。

（四）环保服务逐渐向复合商业模式和多元化发展

在2011年前，大部分环保企业从事的主要是单体业务，例如，水务企业只做污水处理，垃圾处理企业一般只做垃圾焚烧或填埋，大气治理企业只做脱硫脱硝，环保配套企业只提供配套工程和相关服务等。从2012年开始，部分大型环保企业逐渐开始采用更加复杂的商业模式，业务结构从单一的某一个项目开始向纵向延伸，产业化环保集团趋势开始萌芽，在2015—2016年，这种产业化集团模式得到快速发展，雏形已经形成。这其中有代表性的企业包括：光大国际、首创股份、北控水务等，这些实力强劲的环保企业凭借产业链延伸向多元化发展。例如，从单一的水务行业向土壤修复、垃圾处理等领域延伸发展，这些环保企业逐渐形成大环保产业模式。

二、技术装备

（一）大气污染防治技术装备

大气污染治理领域是环保产业的重中之重，可以细分为脱硫、脱硝、除尘、VOCs 污染控制等子领域。在脱硫领域，目前主流的技术是石灰石—石膏湿法脱硫技术，主要应用于配有大型火电燃煤锅炉的火电厂的烟气脱硫，占比达到90%左右，在非电行业烟气脱硫主要采用氨法烟气脱硫技术，主要应用于配有大型燃煤热电锅炉的化工企业、中小热电厂、有色金属、生物、制药等行业。在脱硝行业，目前采用的技术主要有 SCR、SNCR、液体吸收法、微生物吸附法、活性炭吸附法、电子束法。目前，国家正在大力推进钢铁、有色、建材、焦化、化工等非电行业多污染物协同控制技术装备的应用示范以及挥发性有机物控制技术装备的示范应用，高温复合滤筒尘硝协同脱除装备、相变凝聚除尘装备、催化裂化烟气多污染物协同处理成套装备、燃煤锅炉烟气二氧化硫脱除技术装备、燃煤锅炉烟气氨法脱硫液平推流强制氧化技术设备正在加大推广应用力度，我国大气污染防治技术装备技术水平将进一步提升。

（二）水污染防治领域

多数先进工业水污染治理新技术已得到推广应用，尤其是 FMBR 膜生物技术、厌氧膨胀床等技术处于国际领先水平，重点工业行业水处理先进技术装备广泛应用，膜处理关键环节的技术也取得突破进展，潜水污水泵、新型曝气设备、污泥处理处置等专用设备的质量也有所提高。2017 年以来，我国进一步重点推广低能耗、高标准和高效率的污水处理技术装备，例如：在燃煤电厂、煤化工等行业推广应用高盐废水的零排放治理和综合利用技术，在冷轧酸洗废水处理领域推广应用石墨烯/高分子复合材料透水膜浓缩装备，在脱硫废水处理领域推广应用烟道气蒸发废水处理装备，在煤化工和焦化废水处理领域推广应用微气泡臭氧反应器。总体看，我国水污染防治领域技术装备水平将进一步提高。

（三）固体废物与土壤污染防治领域

目前，化学法、固化法、高温蒸煮、焚烧及安全填埋固体废物的处理处置手段已经广泛采用，针对含有重金属、二噁英的焚烧飞灰的水泥窑煅烧资源化技术已经具有较好应用前景。在固体废物处置和资源化利用领域，一些先进适用技术正在大力推广应用。例如：水泥窑协同无害化处置成套技术装备、燃煤电厂脱硫副产品、先进高效垃圾焚烧技术装备、脱硝催化剂、焚烧炉渣及飞灰安全处置技术装备、垃圾渗滤液浓缩液处理技术设备、废液晶屏分离技术装备等。目前，我国土壤污染防治市场已经初步培育，城市污染场地修复逐步启动。在土壤修复领域一些先进适用的技术装备正在逐步推广应用，例如：针对工业、矿业、冶金业的有机污染土推广应用微负压回转式间接热脱附装置，针对有机污染土壤的生物修复领域推广应用生物修复一体化装备，针对土壤污染场地修复推广应用多相抽提修复装备。针对废液晶屏资源化利用推广应用废液晶屏分离技术装备等。

三、典型企业

（一）菲达环保

菲达环保全称是浙江菲达环保科技股份有限公司，于1969年创建，总部位于浙江省诸暨市，是中国燃煤电站烟气净化先行者，目前是全国大气污染治理行业的龙头企业，设有国家级企业技术中心、国家级院士专家工作站、燃煤污染物减排国家工程实验室除尘分实验室等机构，产品出口世界30余个国家，其100万千瓦超超临界机组电除尘器在我国的市场占有率超过六成。公司于2002年在上交所上市，股票名称代码为600526。

1. 经营状况

2016年，菲达环保合并营业收入达到36.69亿元，较上年增长了9.02%；营业利润达到1.02亿元，较上年增长了1.42%。大气污染治理是菲达环保的主营业务，占整体营业收入的比重达到88.6%；环保产品的毛利率达到16.1%。同时，固体废弃物处理、污水处理等其他业务的营业收入和净利润占比均低于30%。菲达环保的经营模式主要为“营销＋设计＋制造”型，以销定产。2010年，菲达环保的首台套高效湿法脱硫除尘一体化技术建设工程投入使用；采用半干法旋转喷雾脱酸工艺的垃圾焚烧烟气处理系统投入运营，这是国内首次在循环流化床锅炉上成功运营该技术；衢州市餐厨废弃物无害化处理以及资源化利用项目完工。总体看，菲达环保总体经营状况较好，市场前景广阔。

2. 主营业务

菲达环保的经营范围既涉及气力输送、脱硫、脱硝、垃圾焚烧、除尘等领域的单台环保装备，也从事许多综合服务项目，包括大型燃煤电站环保岛大成套、工业污水处理、餐厨废弃物资源化利用和无害化处理 BOT 总承包以及垃圾焚烧厂总承包等项目。经营范围涉及大气污染治理、水污染治理、固体废物处置和土壤修复等，涉及环保设计、研发、制造、工程建设、运营服务等全产业链，运营模式涉及 PPP、EPC、BOT 等。近几年，菲达环保坚定全球化战略，在环保行业深耕细作，已经从装备制造商逐步转向“制造 + 环境服务”商，从大气污染治理逐步转型升级为“大气 + 水 + 固废”等综合环境治理服务商。

3. 竞争力分析

从优势上看，首先，菲达环保是我国最早从事燃煤电站烟气净化的企业之一，建有国家级工业设计中心、国家级博士后科研工作站、国家认定的企业技术中心、燃煤污染物减排国家工程实验室等机构，是中国环保机械行业协会理事长单位，也是中国环保产业协会电除尘委员会主任委员单位。在技术上具有雄厚的积累，在整个环保行业具有明显先发优势。其次，菲达环保着力打造现代化高端环保装备制造基地，力图实现与跨国环保公司抗衡，公司建设有自动化立体仓库，实施“机器换人”等信息化改造，推进卓越绩效和“5S”管理。目前，公司下属的所有制造基地均可以承接跨国公司的结构件生产制造。再次，菲达环保生产的烟气脱硫脱硝设备、除尘器和垃圾焚烧尾气处理等设备，其技术水平全部为国内领先甚至国际领先。在国内燃煤电站超洁净排放领域，菲达环保是独一无二的领导者，目前是燃煤电站电除尘装备的全球最大供应商。目前，在国家积极推进生态文明建设、大力实施供给侧结构性改革、建设美丽中国的背景下，菲达环保积极对接“一带一路”建设，在国内外两个市场并行推进，不断创新，勇于超越，未来将成为大气、水、固废等跨行业的综合环境治理服务商，在环保行业具有强大的市场竞争力。

（二）首创股份

首创股份全称是北京首创股份有限公司，是我国水务环保领域的领军企业，也是全球第五大水务环境运营企业。首创股份于1999年成立，参与和见证了我国环保产业的发展历程，积累了丰富的经验。2000年，首创股份在上交所上市（股票代码：600008）。目前，首创股份正致力于打造成为世界级环境综合服务企业。

1. 经营状况

近年来，首创股份紧跟国家环保政策方向和环保行业发展趋势，把握机遇，不断拓宽公司环保业务的深度和广度。2016年，首创股份营业收入达到79.2亿元，比上年增加8.5亿元，同比增长12%；利润总额为9.49亿元，比上年增加2485万元，同比增长2.7%。公司主营业务为水务、固废、工程建设等环保业务。其中，2016年，首创股份环保营业收入达到68.97亿元，比上年增加9.1亿元，实现利润额8.85亿元，比上年减少1808万元，环保业务利润额减少主要由于行业内普遍存在的水价调整期滞后于刚性成本增长期，使得环保业务成本增长幅度大于收入增长幅度。

2. 主营业务

首创股份的主要业务为综合环境服务，具体包括：传统水务处理、固体废物处理、水环境治理、海绵城市建设和流域治理等。目前，首创股份的具体项目类型包括供水、固废处理、污水处理、污泥处理、中水回用及再生水、海水淡化、环保设备等。在传统水务业务领域，公司从行业规模和运营管理能力上看，均是国内领先的公司，具有一定的品牌影响力。从水务产业链拓展业务上看，公司致力于拓展水务产业链，已经成为国内水务行业产业链最完整的公司之一。2016年，首创股份开始从事工业废水及工业园区污水处理、再生水处理等业务领域，投资建设浙江开创环保科技股份有限公司。在固体废物处理领域，首创股份的业务范围涉及生活垃圾、一般工业废弃物、危废、电子废弃物和汽车回收拆解等。在区域性环境综合治理业务领域，首创股份于2016年签约了海绵城市和“千企千镇工程”等多个综合体建设和运营项目，打造了良好基础。

3. 竞争力分析

首创股份在供水、污水、固废等环保领域具有较强的竞争力。一是立足于主业的同时，积极延伸环保产业链，业务转向环境综合治理。目前，公司的主营业务环保业的占比持续上升，环保业务的布局逐步向纵深发展。2016年，公司中标宁夏固原市海绵城市建设 PPP 项目，在区域性环境综合治理领域大显身手。开始布局绿色供热业务，开展能源循环利用，推动污水源热泵技术与供热结合。利用境外公司在固废全产业链上的成功经验，提升公司在国内固废处理领域的竞争力。二是积极培育新业务发展。积极开展 PPP 项目，2016 年，首创股份有 7 个项目以 PPP 模式签约。布局产融结合，设立水汇环境（天津）股权基金以及中关村青山绿水基金等，为公司提供强大资金支持。与浙江开创环保科技股份有限公司等膜技术公司开展合作。积极开展污泥处置、工业废水、海水淡化、再生水等环保新业务，进一步打通产业链。三是通过打通多元化融资渠道降低融资成本。2016 年，首创股份通过银行授信、发行境外人民币债券、发行中期票据、发行超短期融资券等，获得了充足的低利率的资金储备。

（三）创业环保

创业环保全称是天津创业环保股份有限公司，于 1993 年 6 月 8 日注册成立。该公司是我国环保领域的先行者之一，也是首家以污水处理为主的 A 股上市公司，股票代码是 600874。创业环保主要经营范围涉及污水处理设施的设计、建设、管理、运营、咨询服务以及环保产品的开发和经营。

1. 经营状况

随着环保行业发展理念逐步转向大环保大市场，创业环保密切关注和把握环保行业发展趋势，积极把握生态文明建设和绿色发展的政策机遇，大力发挥运营优势，创新市场开发模式，转变经营理念，强化市场开发工作，加强科技研发工作，目前创业环保已经向环保水务行业全产业链发展，并成为行业的引领力量。2016 年，创业环保集团营业收入达到 19. 59 亿元，其中，包括污水处理、自来水供水、再生水业务等在内主营业务收入为 17. 74 亿元，主营业务收入占公司营业收入的 90. 6%。由于部分子公司污水处理项目提标改造完成后污水处理服务费单价提高，2016 年，公司污水处理及污水厂建设业务收入达到13.63亿元，同比增长5.5%；再生水业务收入达到1.89亿元；自来水供水业务收入达到6685万元，同比增加4.9%；新能源供冷供热业务收入达到7171万元，同比持平。

2. 主营业务

创业环保的主营业务为水务业务、新能源供冷供热业务。水务业务主要包括传统污水处理、自来水供水和再生水业务，同时向水务环保行业产业链延伸，主要为工业废水处理、固废处理、污泥处理等领域提供环保科研产品及服务。创业环保的传统优势是水务业务，特别是传统污水处理业务在国内处于领先地位。截至2016年底，创业环保的水务项目总规模达到每日483万立方米，公司的主要立足点在天津地区，广泛分布于华中、华北、华东、西南、西北等共计13个城市。近年来，创业环保在巩固传统水务业务的基础上，积极向水务环保行业产业链延伸，开发固废、污泥处理及科技成果转化等业务，水务环境综合服务能力持续提升。在固废业务方面，代表项目为山东沂水危废处置中心项目，该项目以焚烧、安全填埋等方式处理沂水庐山化工园区内的工业危废，目前运营良好。

3. 竞争力分析

创业环保核心竞争能力主要包括五个方面：一是具有强大的运营能力，能够保障水务环保项目稳定、高效、安全和达标运营。二是具有较好的研发能力，其在研发领域始终秉承灵活、实用、领先的原则，不断完善研发体系，针对污水、除臭、污泥和生物菌制剂等方面加大研发力度。目前，公司污水厂全过程除臭专利技术市场推广效果较好，重金属检测仪、污泥调理机及菌制剂等产品也具有很大的市场潜力。三是具有凝聚力和竞争力的员工团队，团队始终保持创新、专业、合作、尽责的理念。四是企业信誉较好，始终保持稳健、规范、诚信的口碑，在环保业形成了良好的品牌影响力。五是市场开拓能力强，通过中标新疆克拉玛依项目扩大了在全国范围的战略布局。不仅在水务、新能源供冷供热领域保持优势，还进一步介入危险废弃物处理领域，全面提升综合环境服务能力。

第四节　资源循环利用产业

资源循环利用产业是推动绿色发展的重要手段，是推动生态文明建设的重要内容，也是应对气候变化、保障生态安全的重要途径。推动资源循环利用产业发展，对促进生产方式转变，提升资源综合利用效率具有积极的影响。党的十九大报告提出："建立健全绿色低碳循环发展的经济体系"，"推进资源全面节约和循环利用，实施国家节水行动，降低能耗、物耗，实现生产系统和生活系统循环链接"，对资源循环利用产业提出了更高的要求，同时，也是资源循环利用产业面临的新的发展机遇。

一、发展特点

继续推进工业固废综合利用，积极推动京津冀及周边地区工业固废综合利用，探索区域工业固废协同发展模式。继续推动实施《京津冀及周边地区工业资源综合利用产业协同发展行动计划》，扎实落实京津冀协同发展战略，推动京津冀地区产业优化升级和绿色转型。创建了河北睿索固废工程技术研究院等技术创新平台，培育启动了一批京津冀跨区域综合利用协同发展示范项目，河北承德综合利用示范基地发展良好，京津冀地区工业资源综合利用产业初步实现了规模化、高值化、集约化发展。

再生资源产业规模继续扩大。商务部发布的《中国再生资源回收行业发展报告2017》显示：截至2016年底，我国废钢铁、废塑料、废有色金属、废纸、废轮胎、废弃电器电子产品、报废汽车、废玻璃、废旧纺织品、废电池等十大类再生资源的回收总量大约2.56亿吨，同比增长3.7%。十大类再生资源中，废电池增幅最大，同比增长20%。从回收价值看，十大类别再生资源回收总价值约5902.8亿元，回收价值同比增长14.7%，主要是受大宗商品价格上涨影响，主要再生资源品种价格普遍持续走高，其中，增幅最大的是废电池，同比增长34.1%。报废汽车出现下降情况，同比下降11.4%。

继续推广资源循环利用先进适用技术。工业和信息化主管部门组织征集、遴选工业资源综合利用技术装备，发布了工业资源综合利用先进适用技术装备目录。包含36项工业固废综合利用技术装备和40项再生资源回收利用先进适用技术装备。组织编制《国家工业资源综合利用先进适用技术装备目录》并发布。

加强资源循环利用行业管理。工业和信息化部公告第一批符合《非矿物油综合利用行业规范条件》企业名单，包括江苏森茂能源发展有限公司、安徽国孚润滑油工业有限公司、东营国安化工有限公司、湖北爱国石化有限公司、新疆聚力环保科技有限公司5家企业；公布符合《废塑料综合利用行业规范条件》的第一批企业名单，包括保定广顺再生利用股份有限公司、盛兴环保资源（太仓）有限公司等20家企业；公布符合《轮胎翻新行业准入条件》《废轮胎综合利用行业准入条件》的第五批企业名单，符合《建筑垃圾资源化利用行业规范条件》的第一批企业名单；按照《废钢铁加工行业准入条件》《废钢铁加工行业准入公告管理暂行办法》的要求，公告第五批符合废钢铁加工行业准入条件企业名单。

出台或修改重点行业发展指导意见或管理办法。工业和信息化部与住房和城乡建设部联合起草了《建筑垃圾资源化利用行业规范条件（暂行）》《建筑垃圾资源化利用行业规范条件公告管理暂行办法》，有利于规范建筑垃圾大宗固废综合利用产业发展秩序，有利于提高建筑垃圾资源化利用水平，有利于培育建筑垃圾资源化利用骨干企业；为加快废钢铁行业转型升级、推动行业绿色发展，并进一步加强废钢铁加工行业事中事后管理，工业和信息化部对《废钢铁加工行业准入条件》（工业和信息化部公告2012年第47号）及《废钢铁加工行业准入公告管理暂行办法》（工信部节〔2012〕493号）进行了修订；工业和信息化部、商务部、科技部联合发布《关于加快推进再生资源产业发展的指导意见》，提出到2020年，基本建成管理制度健全、技术装备先进、产业贡献突出、抵御风险能力强、健康有序发展的再生资源产业体系，再生资源回收利用量达到3.5亿吨。提出六大主要任务和八大重点领域，十项重点试点示范，六项保障措施。

重视废旧动力蓄电池回收利用。新能源汽车产业快速发展，可以预测，动力蓄电池将会大规模的报废，其回收利用问题我国必须面对和解决。为了解废旧动力蓄电池产生情况、回收情况、梯级利用情况，工业和信息化部节能与综合利用司开展新能源汽车动力蓄电池回收利用专题调研。赴黑龙江省对中国铁塔公司梯级利用电池项目进行了实地调研。铁塔公司采用纯电动大巴退役下来的动力电池，经检测、分选和重组后替代铅酸蓄电池用于通信基站。对河北廊坊集太阳能光伏、电网和梯级利用电池于一体的新能源基站进行实地调研。

阶段性总结电器电子产品生产者责任延伸试点工作。2017 年，全面总结了生产者责任延伸试点工作推进的总体情况，就首批试点单位回收体系建设、资源化利用、协同创新以及典型企业运作模式等进行了全面报告，试点单位通过以旧换新、共享回收渠道及再生材料闭环高值利用，取得了阶段性成果，并提出进一步发展的相关政策建议。

甲醇汽车试点通过验收。2017 年，工业和信息化部、国家发展改革委、科技部共同组织召开了陕西省甲醇汽车试点验收工作会议，宝鸡市、西安市、榆林市三个试点城市通过验收。2017 年 9 月 13 日，组织召开山西省长治市甲醇汽车试点工作验收会议，对长治市试点工作进行验收。专家组一致认为，长治市按照试点实施方案要求组织实施，认真负责、科学严谨、组织高效，数据采集全面、翔实，严格进行数据相关检测等工作，完成了试点预定的目标和任务，建议通过验收。2017 年 9 月 28 日，对上海市试点工作进行验收。专家组对上海华谊能源化工有限公司甲醇燃料加注站等进行了现场核查。

开展已公告再生资源企业专项监督检查。重点对已公告企业建设项目的规划布局、规模、工艺和装备、产品质量、能源消耗和资源综合利用等情况，企业在规范条件的保持、变更和改进提升以及发生兼并、重组重大变化的情况，企业生产经营状况，税收优惠政策执行等方面的情况进行专项监督检查。

“互联网 +”深入渗透到资源循环利用产业。特别体现在回收行业，互联网、物联网、大数据、云计算等现代信息技术与传统回收行业的迅速结合，有力促进回收模式创新。涌现了一批代表性强、可示范推广的回收模式，如厦门废品大数据搭建微信、PC 端、APP 等再生资源回收交易平台，使用户进行再生资源回收交易变得方便、快捷；深圳淘绿自主研发的互联网回收服务平台，推动电子产品传统回收方式向线上交易服务、线下分拣的“互联网 +”回收方式转变，极大地提高了废旧手机的回收效率。随着两化融合深度发展，回收行业自动化分拣及加工技术装备和设施得到普遍推广应用。如上海燕龙基引进的废玻璃自动分拣设备，有效提升了废玻璃的分拣精细化水平，大幅提高了分拣效率。

二、典型公司

（一）中再资源

中再资源环境股份有限公司，简称“中再资环”，是中华全国供销合作总社旗下中国再生资源开发有限公司的控股公司，在上海证券交易所挂牌交易，股票代码为600217，属于环保科技型上市公司。

公司的经营理念是“网络、资源、环保、品牌”，企业宗旨是“生态环保”“服务社会”，一直致力于发展成为国际一流的资源和环境服务商。目前，公司拥有10家废弃电器电子产品拆解企业，分别位于河北唐山、黑龙江绥化、山东临沂、河南洛阳、江西南昌、湖北黄冈、广东清远、四川内江、浙江衢州、云南昆明等城市，年废弃电器电子产品拆解处理能力达到1000多万台。公司严格遵守国家法律法规，合法规范经营，严格执行有关行业标准，不断推动建立诚信体系，企业管理制度不断完善，管理水平不断提升。

1. 经营状况

2017年1—6月，中再资环实现营业收入87505.08万元人民币，同比增长近54%；实现归属于母公司所有者净利润10384.47万元人民币，同比增长近306%。上半年实现营业收入8.75亿元人民币，同比增长54%。

废弃电器电子产品回收与拆解处理是中再资环的主营业务。2017年上半年，中再资环致力于回收废弃电器电子产品，不断加大力度，之后对其进行规范拆解、分拣处理，部分高附加值元器件进一步进行深加工处理，其中可用二次资源通过市场出售，增加收入。本年度回收量和拆解量的飞速增长是中再资环业绩快速增长的关键。

2. 主营业务

不断完善废旧电器电子回收拆解网络，持续扩大规模。中再资环于2017年7月20日晚公告，公司拟与浙江再生资源、浙江兴合集团等七方签订关于兴合环保的《股权转让协议》，协议约定中再资环以9400万元的收购价格，收购该七方持有的兴合环保100%股权。本次收购不仅填补了中再资环在浙江省废旧电器电子产品回收拆解业务的空白，而且进一步扩大了公司的生产规模，使公司在布局完善全国性的废旧电器电子产品回收拆解网络方面又进一步。

当前，中再资环的全国回收网络已经拥有70多家分拣中心和5000多个回收网点。除废旧家电回收业务外，公司已经开始拓展废钢、废纸再生、危废等方面的业务。2017年在收购浙江兴合环保之后，又以4800万元的收购价格，收购云南巨路60%股权，进一步开拓了云南市场。中再资环正积极布局外延，还将继续开拓市场，进一步填补回收区域空白。

3. 竞争力分析

再生资源产业是节能环保产业的重要组成部分之一，国家政策越来越重视这一行业的发展，不断鼓励和支持。可以预见，“十三五”期间，我国再生资源产业发展还将提速。中再资环瞄准废弃电器电子产品回收处理市场，并将坚定地走下去，不断布局全国性的废弃电器电子产品回收拆解网络，这一策略还将延续。有助于中再资环借助政策东风步入发展快车道。除此之外，公司也在拓展诸如废钢铁、废塑料、报废汽车等其他细分领域市场。

按照当前的发展态势，中再资环作为中国供销系统旗下的唯一一家控股上市公司，其发展潜力还很大，有望成为再生资源回收利用行业的全国性的业务整合平台。其成长空间还很广阔。当前，以废弃电器电子产品回收拆解为主营业务，不断拓展市场，完善回收网络，同时将一部分资产投入到产业链相关领域，寻求进一步发展的基本思路是可以明确的。未来几年，企业仍将以废旧电器电子产品回收拆解为主业，同时拓展产业链相关领域。

（二）国风塑业

安徽国风塑业股份有限公司简称“国风塑业”，成立于1998年9月23日，1998年11月19日在深圳证券交易所挂牌上市，股票代码000859。下属单位有薄膜一分厂、二分厂、三分厂、四分厂、复合材料分公司和电容膜分厂，以及两个全资子公司、一个控股子公司，分别为安徽国风木塑科技有限公司、芜湖国风塑胶科技有限公司、宁夏佳晶科技有限公司，目前已形成以塑料薄膜为主，木塑新材料、工程塑料和蓝宝石为辅的规模化生产格局。主导产品塑料薄膜质量较高，凭借一流的设备、先进的产品、良好的质量、优质的服务和健全的网络等优势，国风产品在国内及欧亚、北美等国家和地区都很畅销。

1. 经营状况

2017 年 1—6 月，国风塑业实现营业收入 5. 46 亿元人民币，同比增长约 10%，实现净利润 2400. 45 万元人民币，增长幅度较大，同比增长约 390%。

2. 主营业务

2017 年，国风塑业重视市场，不断加大市场开拓力度，同时，实施差异化、高端化、特种化的生产和竞争策略，狠抓产品结构调整，不断优化产品结构，并不断提升客户个性化服务水平，极大提升了客户的满意度和忠诚度，维护了企业生产经营的稳定性和盈利能力，保持并不断提升企业在行业内的地位和竞争优势。

公司注重新产品研发，投入大笔研发费用。为了发展高端功能膜材料，加快企业转型升级，进一步提高和巩固公司的核心竞争力。企业自筹资金 1. 79 亿元人民币，用于投资建设年产 180 吨高性能微电子级聚酰亚胺膜材料项目。该项目主要包含 2 条聚酰亚胺薄膜国产生产线建设，投产可实现年产聚酰亚胺薄膜 180 吨。

3. 竞争力分析

从公司的发展理念和经营活动可以预见，接下来几年，安徽国风塑业股份有限公司仍将坚持高质量、高水平发展策略，企业的主题仍然是产业转型、机制创新、高端产品研发。提质增效依然会是企业发展的中心内容，高端功能膜材料研发及其他新材料领域探索将会是企业的主攻方向，也是企业不断提升核心竞争力的抓手。另外，管理水平的提升也将是企业努力的一个重要方向。企业的发展前景比较光明。

重点行业篇

第四章　2017年钢铁行业节能减排进展

钢铁行业是支撑我国工业发展的基础产业，生产规模巨大，能源、资源消耗较为密集，能耗接近工业能耗总量的20%，同时耗新水量和污染物排放量均排在工业行业前列，钢铁行业是工业节能减排的重要领域。2017年，在国内经济稳中向好、供给侧结构性改革初见成效、“一带一路”建设持续展开等一系列利好因素影响下，我国钢铁行业稳步复苏，粗钢产量再创历史新高，达到8.32亿吨，同比增长5.7%，实现利润总额3138.8亿元，同比增长180.1%；出口钢材产品向高端化发展，附加值有所提升，虽然出口量同比下降30.64%，但出口金额仅下降0.5%；一批前瞻性技术取得重大突破；去产能任务超额完成，“地条钢”全面取缔；主要能耗指标和主要污染物排放量持续下降，用水效率、资源利用率、二次能源利用水平进一步提高。

第一节　总体情况

一、行业发展情况

2017年1—12月，在需求拉动下，我国粗钢、生铁、钢材产量均呈现增长态势。其中，粗钢产量达到8.32亿吨（月产量见表4-1），同比增长5.7%；生铁产量7.11亿吨，同比增长1.8%；钢材产量10.48亿吨，同比增长0.8%。

表4-1　2017年1—12月粗钢产量与增速

	1—2月	3月	4月	5月	6月	7月	8月	9月	10月	11月	12月
产量（万吨）	12876.7	7199.5	7277.7	7225.9	7323.1	7402.1	7459.4	7182.7	7236.2	6615.1	6704.7
增速（%）	5.8	1.8	4.9	1.8	5.7	10.3	8.7	5.3	6.1	2.2	1.8

资料来源：国家统计局，2018年1月。

我国粗钢产量继2014年达到8.22亿吨后，再创历史新高，达到8.32亿吨。2005年以来，我国粗钢产量变化情况如图4-1所示。

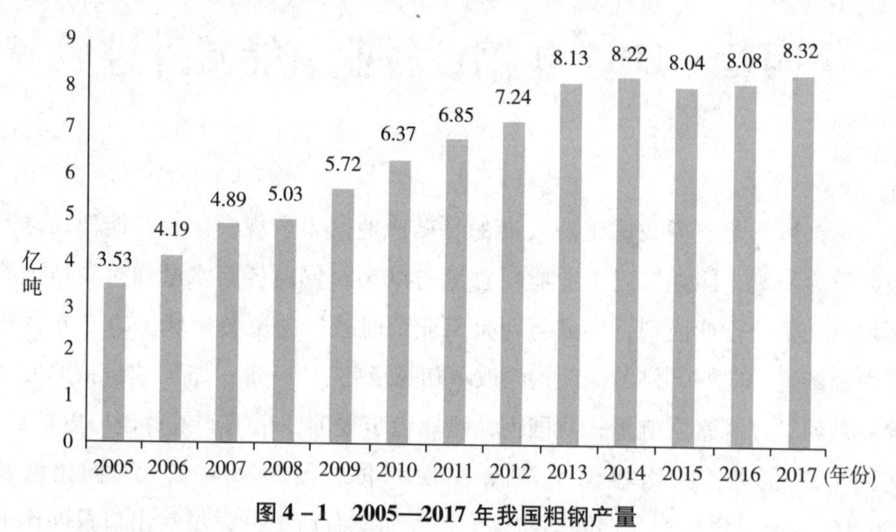

图4-1　2005—2017年我国粗钢产量

资料来源：国家统计局，2018年1月。

2017年，我国钢铁行业继上年走出低谷后，发展态势稳中向好，市场需求好于预期。根据冶金工业规划研究预测和判断，2017年，中国钢材实际消费量达到7.25亿吨，比上年增长7.7%；粗钢产量为8.32亿吨，比上年增长3.0%。化解过剩钢铁产能，以及“地条钢”的彻底取缔，促使我国钢铁产能利用率有所上升，基本回到合理区间，市场供需均衡定价体系也得以恢复，行业向良性竞争发展，“劣币驱逐良币”现象有效改善。受市场需求增长、产能利用率上升、钢材库存下降等因素影响，钢铁行业经济效益持续好转。2017年，国内市场钢材综合价格指数平均值为107.46，比2016年上升33点，同比增长44.3%。2017年1—11月，钢铁行业营业收入6.5万亿元，同比增长22.5%，其中主营业务收入6.3万亿元，同比增长22.9%，实现利润总额3138.8亿元，同比增长180.1%。

2017年1—11月，我国出口钢材6983万吨，同比下降30.64%，出口量大幅下滑。但由于出口产品日益向高端化发展，附加值比往年更高，使出口均价同比上涨了43.5%，最终导致出口金额仅比上年下降了0.5%。在2017年出口的钢材中，板材占比提高了13个百分点，棒线材占比下降了17个百分点；冷轧板卷出口量增长了12.52%，不锈钢出口量增长了1.9%。可见，钢材出口的产品结构明显优化。

据不完全统计，我国钢铁行业已拥有20个国家级重点实验室和5个工程实验室，各类工程技术研究中心、工程研究中心、企业技术中心、研究院等近300家，具有高水平的共性技术研发团队，一批前瞻性技术在国际上实现首发，对全世界钢铁行业影响较大。例如，我国自主研发的核反应堆安全壳、核岛关键设备、核电配套结构件等三大系列核电用钢，在全球第一座三代核电项目CAP1400中得到应用；宝武钢铁成为全球首家可同时批量生产一、二、三代先进高强钢的企业，其生产的超高强钢新品QP1180GA在全球首发；沙钢研发的抗震钢筋（HRB600E）属国内首创，部分品种规格的产品，在港珠澳大桥上实现应用；宝武、鞍钢自主研发的最大厚度90毫米极限规格超大型集装箱船用止裂钢，成功打破技术壁垒替代进口，实现了我国两万箱超大型集装箱船用止裂钢的整船供货；鞍钢、钢研集团等共同研发的油船用高品质耐腐蚀钢，通过了为期3年的实船建造验证，彻底打破了国外的垄断；我国自主研发制造的磁轭磁极钢板、电站蜗壳用钢板，其性能均达到全球领先水平。

二、行业节能减排主要特点

（一）去产能任务超额完成

2017年，钢铁去产能超额完成全年5000万吨目标任务，彻底清除1.4亿吨“地条钢”。全国粗钢压减量的75%，来自河北、江苏、山东等省份和有关中央企业。国务院发布的《关于钢铁行业化解过剩产能实现脱困发展的意见》，提出2016—2020年压减粗钢产能1亿—1.5亿吨。截至2017年底，全国钢铁去产能已接近1.2亿吨，距离1.5亿吨的目标，只差3000多万吨的规模。钢铁去产能不仅解决了产能过剩矛盾，同时也淘汰了近9500万吨节能环保水平低的落后产能，为行业绿色发展奠定了基础。

（二）主要能耗指标持续下降

综合能耗指标同比下降。2017年1—11月，统计的钢铁工业协会会员生产企业累计总能耗24992.46万吨标准煤，同比上升4.78%；吨钢综合能耗564.80千克标煤/吨，同比下降2.35%；吨钢可比能耗514.90千克标煤/吨，同比下降4.17%；吨钢耗电463.09千瓦时/吨，同比下降1.72%。

主要工序能耗指标继续下降。2017年1—11月，统计的钢铁工业协会会员生产企业，烧结工序、球团工序、炼铁工序和转炉炼钢工序能耗，比上年同期降低，工序能耗分别为48.41千克标煤/吨、25.54千克标煤/吨、390.05千克标煤/吨和13.85千克标煤/吨，同比下降幅度分别为0.06%、3.18%、0.76%和3.04%。焦化工序、电炉炼钢工序和钢加工工序能耗较上年同期略有上升，能耗分别为98.97千克标煤/吨、60.07千克标煤/吨和55.79千克标煤/吨，同比分别升高2.44%、6.23%和0.58%。

钢加工工序能耗同比下降。2017年1—11月，钢加工工序中热轧工序能耗为47.89千克标煤/吨，比上年同期下降1.03%；其中，大型材轧机、中型材轧机、小型材轧机、线材轧机、中厚板轧机、热轧无缝管轧机等工序能耗比上年同期降低，能耗分别为62.91千克标煤/吨、48.37千克标煤/吨、35.82千克标煤/吨、49.81千克标煤/吨、57.53千克标煤/吨和86.98千克标煤/吨，同比分别下降3.39%、5.40%、7.35%、3.48%、1.79%和1.62%。热轧宽带钢轧机和热轧窄带钢轧机工序能耗较上年同期略有上升，能耗分别为49.20千克标煤/吨和38.63千克标煤/吨，同比分别上升0.55%和4.41%。冷轧工序能耗为60.22千克标煤/吨，比上年同期升高0.13%。其中，冷轧宽带钢轧机工序能耗为55.44千克标煤/吨，较上年同期下降0.95%。冷轧窄带钢轧机工序能耗为175.26千克标煤/吨，较上年同期下降13.25%。镀层工序能耗为42.75千克标煤/吨，同比上升0.71%；涂层工序能耗为53.53千克标煤/吨，同比上升3.30%。

（三）行业主要污染物排放量持续降低

2017年1—11月，钢铁工业协会会员生产企业累计外排废水量同比上升4.11%。外排废水中，悬浮物累计排放量同比下降9.44%，挥发酚累计排放量同比下降8.66%，石油类累计排放量同比下降5.67%，化学需氧量累计排放量同比下降1.99%，氨氮累计排放量同比上升10.75%，总氰化物累计排放量同比上升19.12%。

2017年1—11月，统计的钢铁工业协会会员生产企业累计废气排放量12.16万亿标准立方米，同比上升6.29%。外排废气中二氧化硫累计排放量同比下降1.72%，烟粉尘累计排放量同比上升2.79%。

（四）用水效率进一步提高

2017年1—11月，统计的钢铁工业协会会员生产企业累计用水总量766.29亿立方米，同比上升7.33%。其中：累计取新水量17.09亿立方米，同比上升3.63%；累计重复用水量749.19亿立方米，同比上升7.42%；水重复利用率97.77%，同比提高0.08个百分点；累计吨钢耗新水量同比下降3.70%。

（五）资源、二次能源利用水平进一步提高

2017年1—11月，统计的钢铁工业协会会员生产企业累计钢渣产生量6689.62万吨，同比上升6.02%，利用率96.57%，比上年同期下降1.12个百分点；高炉渣累计产生量19166.29万吨，同比上升3.26%，利用率97.94%，比上年同期下降0.32个百分点；含铁尘泥累计产生量3187.09万吨，同比上升4.98%，利用率99.80%，比上年同期提高0.44个百分点。

2017年1—11月，统计的钢铁工业协会会员生产企业高炉煤气累计产生量8228.62亿立方米，同比增长4.3%，利用率98.46%，比上年同期提高0.18个百分点；转炉煤气累计产生量586.64亿立方米，同比增长10.62%，利用率98.17%，比上年同期提高1.0个百分点；焦炉煤气累计产生量442.65亿立方米，同比增长1.86%，利用率98.8%，比上年同期提高0.46个百分点。

第二节　典型企业节能减排动态

一、山东泰钢

（一）公司概况

山东泰山钢铁集团有限公司（简称山东泰钢），位于山东省莱芜市，是山东省唯一的不锈钢生产基地。公司拥有1个国家级实验室、1个国家级技术中心、1个博士后科研工作站，拥有员工一万余人，技术创新、科研开发、试验研究、企业管理等体系较为完善。山东泰钢具备500万吨精品板带材（其中180万吨不锈钢）的综合生产能力。

近年来，泰钢集团实现了结构调整和产业升级，自主创新能力和核心竞争力不断提高。共有140项新技术、新成果通过省级鉴定，90多项成果获省部级科技进步奖，116项新技术获得国家专利，建成的华东第一条热轧带钢生产线、第一条高端冷轧薄板生产线、华东最大最先进的不锈钢生产线、第一条不锈钢热退火酸洗生产线等，均为自主研发、设计、制造。泰钢集团在中国企业500强、中国制造业500强、山东省企业100强的位次逐年上升，2017年，以总价值36.78亿元位居山东百强企业第36位。

（二）主要做法与经验

坚决淘汰落后产能。泰钢集团提前一年完成山东省淘汰落后的任务，在山东省开展钢铁结构调整试点工作时，最早启动相关工作，率先拆除两座$420m^3$和$450m^3$高炉。

综合提升能源节约水平。技术节能方面，建成了干熄焦发电、高炉汽轮循环鼓风、高炉TRT发电、烧结余热发电、炼钢—轧钢余热发电、高温循环水供热改造等能源梯级利用项目，其中，高温循环水供热改造项目，采用冲渣水及冲渣乏汽余热回收装置进行采暖，充分回收余热后向城区供暖，供暖面积达300多万平方米；对炼铁部高炉助燃风机、泰威公司265机尾除尘风机、焦化公司鼓冷风机（西台）、热电公司余热循环风机等6台风机电机，实施变频节能技术改造，其平均节电率在30%以上。管理节能方面，通过实施"六化"标准，提升能源管理水平。一是完善能源计量管理机构，实现能源计量的专责化。设立专门的计量管理组织机构，统一管理集团公司能源计量工作，设立专职计量管理员和能源计量器具维护人员。二是建立健全管理制度，实现能源计量的制度化。建立测量设备流转制度、计量确认制度、维护保养制度及计量考核管理制度等。三是依法实施计量确认，实现了能源计量数据的标准化。建立最高计量标准11项，自编校准比对规范20项，具有较强的计量检测技术能力。四自主开发能源计量数据采集与控制系统，实现能源计量的信息化。改变了手工抄表、人工统计、手工录入的落后方式，对企业水、电、风、气（汽）进行网络化数据采集、处理及实时监控。五是加强能源统计分析，实现能源计量的规范化。建立了较为完善的能源统计报表制度，对能源统计台账进一步规范，强化了能源消费统计数据的真实性和准确性，对能源计量数据进行日分析、周分析和月分析，并定期向省市政府有关部门报送。六是科学分析，深挖内潜，实现节能管理的系统化。分析能源计量数据，统筹各环节能源节约潜力，系统化指导实施节能改造项目。通过上述措施，泰钢集团实现了负能炼钢。

严控污染排放。先后启动了多项环保项目，包括 265m^2 烧结烟气脱硫技术改造项目、机械化料场无组织扬尘治理设施建设项目、全封闭环保储煤棚建设项目等；在废水处理站，增设芬顿深度处理设施，废水处理出水指标，经监测均达到《炼焦化学工业污染物排放标准》。

大力开展资源综合利用。泰钢集团深化生产过程的“减量化、再利用、资源化”，在用水上遵循分质、分级使用的原则，实现了闭路循环，废水处理后，全部供高炉粒化渣系统循环利用；通过采用奥地利喷雾焙烧技术进行酸再生，实现了废酸循环利用；创造性地把不锈钢尾渣在矿渣内进行研磨，将废钢渣变成可用于工程回填和水泥生产的材料，实现了变废为宝。

（三）节能减排投入与效果

据统计，泰钢集团累计投资 110 亿元以上，先后实 200 多个绿色项目，包括环境保护、能源资源节约、综合利用和清洁生产等方面，实实在在地促进了企业绿色发展。

拆除 4 台高炉后，节能环保效果立竿见影，二氧化硫排放量每年减少 268 吨，氮氧化物排放量每年减少 120 吨；利用余热、余压年自发电量 5. 2 亿千瓦时，节约标准煤 6. 3 万吨，所回收的能源占到总能耗的 2/3，累计节约能源成本 15 亿元；变频器节能改造项目实施后，年可节约电费支出 600 余万元，目前已累计创造效益 5000 万元；炼铁厂实现负能炼钢，不消耗能源的情况下，吨钢生产还可赚取 16 千克标准煤；265m^2 烧结烟气脱硫技术改造项目实施后，净烟气中二氧化硫浓度为 25mg/m^3，颗粒物排放远远小于山东省二阶段 30mg/m^3 的标准，提前达到第三阶段的排放限值要求；供用水循环利用改造项目实施后，水的循环利用率达到 96. 5% 以上，减少新鲜水耗量 400 万

m3；酸再生项目实施后，每年生产再生盐酸 25000 吨，废酸回收率高达 99.5%；废钢渣的利用，每年可创造 200 多万元的效益。

二、河北钢铁

（一）公司概况

河北钢铁股份有限公司（简称河北钢铁）是我国最大的钢铁材料制造和综合服务商之一，拥有一级子公司 30 余家，在册员工 12 万余人。2017 年，河北钢铁完成铁、钢、材产量分别为 4274 万吨、4600 万吨、4477 万吨，营业收入达到历史性的 3230 亿元，同比增长 11.07%，实现利税近 160 亿元，利润突破百亿元。连续 9 年上榜《财富》世界企业 500 强，位列第 221 位，在中国冶金工业规划研究院发布的 MPI 中国钢铁企业竞争力排名中获“竞争力极强”的最高评级。河北钢铁是世界钢铁协会执委会成员、中国钢铁工业协会轮值会长单位。

河北钢铁十分注重全球产业布局，先后完成 PMC 公司（南非最大的铜冶炼企业）、瑞士德高公司（全球最大的钢铁材料营销服务商）的控股收购，成为拥有海外成熟冶炼企业和全球化营销服务平台的跨国型企业集团。收购斯梅代雷沃钢厂（塞尔维亚唯一国有大型支柱企业），进一步向具备高端制造能力的欧洲地区布局。

河北钢铁坚持建设清洁循环可持续发展的绿色钢铁企业，其核心企业被业内誉为“世界最清洁钢厂”，其钢厂与城市协调发展，是行业绿色发展的典型模式。

（二）主要做法与经验

主动淘汰落后产能。河北钢铁在近几年率先淘汰炼铁产能 560 万吨、炼钢产能 684 万吨的基础上，主动自我加压，在 2016—2017 两年内，继续压减炼铁产能 260 万吨、炼钢产能 502 万吨。共计淘汰落后炼铁产能 820 万吨，淘汰落后炼钢产能 1186 万吨。

加大环保治理力度。强化大气污染物排放全过程、全方位、全时段控制，出台了多项敏感点位控制措施，利用自动在线监测系统管控环保设施运行和排放达标情况。实施了焦化烟气脱硫脱硝、烧结湿式电除尘改造、烧结机尾电除尘改布袋、料场及卸料线全封闭等项目，建成了亚洲最大规模的全封闭机械化原料厂，以及华北最大的水处理中心。凭借“城市中水替代地表水、深井水作为钢铁生产唯一水源”项目，河北钢铁获得了“2016 年度世界钢铁工业可持续发展卓越奖”，也是国内唯一获奖的钢铁企业。

积极推进能源节约。河北钢铁把节约能源作为降本增效的有力抓手。一是降低煤气消耗。从加热工序到整条轧线，深入分析轧制计划编排、板坯热装率、出钢节奏等方面节气潜力，研究制定了具体的煤气降耗措施，将相关指标分配到每个作业区，在全厂范围内营造了良好的节约用气氛围；在控制煤气消耗过程中重点抓岗位操作的精准度，相关指标与一线具体操作人员“绑定”，加强对节约用气指标完成情况的监督检查，以打分的形式计入每月绩效考核，形成固定制度；深入研究加热温度对板坯轧制过程的影响，包括卷板变形量、轧辊压下量、轧制力负荷等因素，利用研究结论，完善卷板烧钢工艺管理方法，通过精细管理，降低吨钢高炉煤气消耗量约 10%。二是节约用电。研究分析影响电耗的各项因素，通过每天进行动态分析和总结，逐渐总结出一系列节电措施，包括优化设备用电节点、避峰就谷用电、峰电期间检修、设备启停管理等，实现吨钢电耗下降 8. 69 千瓦时；在保证除尘效果的前提下，对除尘电场耗电曲线进行优化，实现吨钢电耗下降 6. 37 千瓦时。三是煤气回收利用。通过研究分析各冶炼阶段的煤气浓度变化规律，总结并制作出实时变化表，组织岗位职工动态调整煤气回收时间，实现煤气回收率达到 100%。四是余热、余压回收利用。河北钢铁年余热、余压自发电达 100 亿千瓦时，核心企业自发电比例超过 65%，工业余热为城市提供住宅生活采暖面积达 1358 万平方米。

大力发展循环经济。世界首条“亚熔盐法高效提钒清洁生产线”在河北钢铁建成投产，该项目清洁生产指数达到 96. 7%，彻底攻克了传统提钒工艺“三废”产生量大、末端治理难、成本高的世界性难题，成功入选国家 2017 年绿色制造系统集成项目。该技术若在全国推广，每年可源头削减废气 5 亿立方米、重金属渣 60 万吨，高盐氨氮废水 240 万吨。另外，河北钢铁与西门子奥钢联、美国哈斯克等公司就钢渣利用、煤气转化等开展项目合作，不断提升副产品的清洁高效利用水平。其中，高炉熔渣直接成纤生产保温制品，烧结镁法脱硫后的附属品生产保温建材产品，焦炉煤气制成天然气，转炉煤气制成乙醇。

全面推动产品绿色升级。2017 年，河北钢铁高技术含量、高附加值品种钢产量达到 2550 万吨，同比提升 13%；品种钢占比从 2014 年的 29% 提升到 64%。全面停止生产二级钢筋，全面推广使用高强钢筋，引领京津冀地区建筑钢材市场走向节能环保主流消费趋势。通过定制化生产、按工程进度精准直发、联网查验真伪、项目经理负责制的服务模式，主动对接京津冀协同发展、雄安新区规划建设需要，在绿色钢材方面提供“全生命周期”服务。

（三）节能减排投入与效果

至今为止，河北钢铁先后投资 165 亿元，实施了 430 多个重点节能减排项目，累计降本增效数百亿元。在能源利用方面，河北钢铁所回收的能源占到总能耗的 2/3。在固体废弃物利用方面，河北钢铁实现了高炉除尘灰、转炉除尘灰等 100% 回收和再利用。在污染物排放方面，2017 年，河北钢铁投资 36 亿元加快推进烟气脱硫脱硝等先进工艺技改，二氧化硫、氮氧化物、烟粉尘等主要污染物吨钢排放量均优于国家清洁生产一级标准，河北钢铁成为国内最清洁的钢铁企业之一。“十三五”期间，河北钢铁主持和参与的 14 项国家重点科技专项中，环保类就有 4 项。专项将研发多污染物协同控制成套化技术与装备，建设示范工程，实现主要污染物排放全面优于最新排放标准。

第五章 2017年石化行业节能减排进展

石油和化学工业是国民经济重要支柱产业和基础产业，石化行业资源、资金、技术密集，经济总量大，产品应用范围广，产业关联度高，在国民经济中占有十分重要的地位，我国已成为世界石油和化工产品生产和消费大国，成品油、乙烯、合成树脂、无机原料、化肥、农药等重要大宗产品产量位居世界前列，基本满足国民经济和社会发展需要。据国家统计局统计，2017年石化行业主要产品产量继续保持增长，乙烯产量1822万吨，增长1.9%，行业效益好转，多数产品价格较上年大幅上涨；在节能减排方面，行业利用综合标准依法依规推动落后产能退出，产品结构进一步优化，行业节能环保技术不断推广应用，产品能耗不断降低，行业绿色管理不断加强。上海石化、湖北兴发在节能减排方面成效突出。

第一节 总体情况

一、行业发展情况

2017年，国务院办公厅印发了《关于推进城镇人口密集区危险化学品生产企业搬迁改造的指导意见》，提出实施城镇人口密集区危险化学品生产企业搬迁改造，降低企业安全和环境风险。国家发改委和工信部为提升石化产业绿色发展水平，推动产业发展和生态环境保护协同共进，加强科学规划、政策引领，制定了《关于促进石化产业绿色发展的指导意见》，深入推进石化产业供给侧结构性改革，以“布局合理化、产品高端化、资源节约化、生产清洁化”为目标，优化产业布局，调整产业结构，加强科技创新，完善行业绿色标准，建立绿色发展长效机制，推动石化产业绿色可持续发展。

2017 年石化行业主要产品产量继续保持增长，乙烯产量为 1822 万吨，增长 2.4%。我国乙烯生产主要集中在中国石化和中国石油，两者产能占全国的将近 90%，乙烯朝着规模化、一体化、基地化、产业集群化等方面发展。

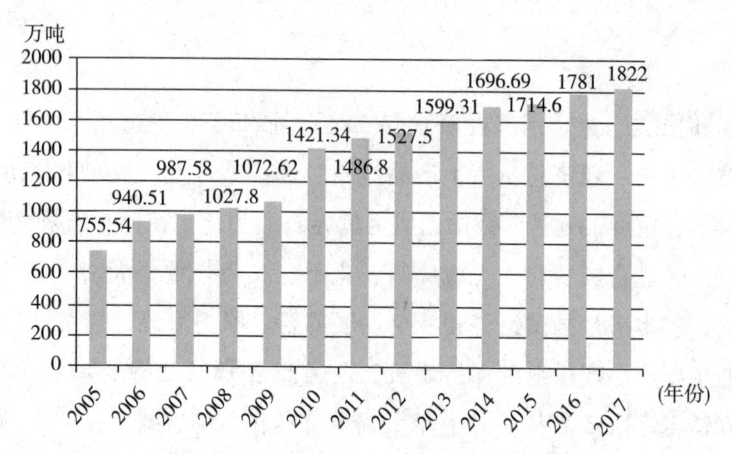

图 5－1　2005—2017 年我国乙烯产品年产量

资料来源：国家统计局，2018 年 2 月。

2017 年石化行业经济运行稳中向好，通过推进供给侧结构性改革、深入实施创新驱动战略和绿色可持续发展战略，不断促进行业发展。

生产稳步增长。2017 年，石油和化学工业规模以上企业近 3 万家，化工行业增加值同比增长 3.6%。主要产品中，乙烯产量增长 2.4%，为 1822 万吨。初级形态的塑料产量增长 4.5%，为 8378 万吨；合成橡胶产量增长 4%，为 579 万吨；合成纤维产量增长 5%，为 4481 万吨。烧碱产量增长 5.4%，为 3365 万吨；纯碱产量增长 5%，为 2677 万吨。化肥产量下降 2.6%，为 6065 万吨，其中，氮肥产量下降 4.4%，磷肥产量增长 0.7%，钾肥产量增长 0.3%；农药产量下降 8.7%；橡胶轮胎外胎产量增长 5.4%，为 92618 万条；电石产量增长 1.7%，为 2447 万吨。

行业效益继续好转。2017 年重点监测的化工产品中，多数产品价格上涨。12 月，烧碱（片碱）价格比上月下跌 1.1%，平均价格为 4500 元/吨，同比上涨 36.4%；纯碱价格比上月下跌 3.5%，为 2450 元/吨，同比上涨 14%；尿素价格同比上涨 28.9%，为 1960 元/吨，比上月上涨 12%；国产磷酸二铵价格比上月上涨0.7%，为2720元/吨，同比上涨13.3%；电石价格比上月下跌5.2%，为2910元/吨，同比上涨11.9%。

二、行业节能减排主要特点

石化行业对能源的依赖度高，能源不仅为石化行业提供燃料和动力，也是某些产品的重要原料。其中，作为原料的能源消耗量约占行业总能耗的40%（不含原油加工）。2017年，国家发改委和工信部联合制定了《关于促进石化产业绿色发展的指导意见》，提出了明确的目标任务，不断推进石化产业节能减排工作，2017年石化行业节能减排具有以下特点。

（一）利用综合标准依法依规推动落后产能退出

石化行业根据《关于利用综合标准依法依规推动落后产能退出的指导意见》，不断推进供给侧结构性改革，强化法律法规约束，通过节能监察、环保执法、质量监督和安全生产监管等，强化强制性标准的运用，对环保、能耗、安全生产达不到标准或产品不合格的企业，要求限期整改，定期公布企业"黄牌"名单，对整改后仍不达标企业，依法关闭，定期公布"红牌"名单，并在政府网站公告年度落后产能退出企业名单、产能情况、设备（生产线）情况等，有效推动落后产能退出。

（二）产品结构进一步优化

石化行业继续以实现总量平衡和行业的合理布局为目标，严格控制三酸两碱［硫酸、盐酸、硝酸和烧碱（氢氧化钠，NaOH）、纯碱］、电石等高能耗大宗基础化学品总量，改造或淘汰能耗高、污染重的落后产能和装置，不断促进先进产能置换落后产能。持续调整产品结构，大力发展绿色产品，发展高性能树脂、高性能纤维及其复合材料、特种橡胶及弹性体、功能膜材料、高性能水处理剂、电子化学品、表面活性剂，以及高性能润滑油、环保溶剂油、清洁油产品、特种沥青、特种蜡、高效低毒农药、水性涂料和水溶性肥料。

（三）推广应用行业节能环保技术

石化行业立足现有企业和基础，加快新工艺、新技术、新材料、新装备的升级，加大技术改造投入，实施清洁生产改造，从源头减少"三废"产生，实现基础设计到生产运营全流程促进工艺、技术和装备的升级改造，加强企业精益管理，逐步实现由末端治理向源头减排的转变。逐步采用节能技术、节水技术，开展节能节水改造，不断提高行业能效水平，减少行业废水排放。逐步推广二氧化碳、废气、固体废弃物综合利用技术，减少废气和固体废弃物排放。

（四）产品能耗不断降低

石油和化学工业2017年继续组织实施能效“领跑者”行动，不断提高石化行业产品能效水平，缩小与国际先进水平之间的差距，部分企业的能效已接近或达到了世界先进水平。2017年能效“领跑者”行动涵盖乙烯、合成氨、甲醇、炼油等17种产品、29个品种。对比上年度的17种产品的单位产品综合能耗，有13种产品能效第一名的单位产品综合能耗比上年有所下降或持平，其中降幅最高的是甲醇（焦炉煤气），下降了13.9%，料浆法磷酸一铵和氧化铁（氧化铁黄）的能耗降幅超过10%。从企业层面看，2016年公布的28个能效第一名的企业中，有11个品种的第一名被新的企业取代，17个第一名企业保持住了荣誉，能效“领跑者”行动形成了“比学赶超、积极降耗”的态势。

（五）行业绿色管理不断加强

为提升石化产业绿色发展水平，加强管理，2017年，中国石油和化学工业联合会组织开展了2016年度的石油和化工行业重点耗能产品能效“领跑者”评选，发布了《2016年度石油和化工行业重点耗能产品能效领跑者标杆企业名单和指标》。开展了石油和化工行业绿色工厂和绿色产品评选及石油和化工行业环境保护中心认定工作。石油和化工行业不断加快实施全产业链绿色化改造，积极加强绿色制造试点示范，加快推进全行业绿色转型。

第二节　典型企业节能减排动态

一、上海石化

（一）公司概况

上海石油化工股份有限公司（简称上海石化），隶属中国石化，前身是

1972年成立的上海石油化工总厂，1993年进行股份制改造，公司产品涵盖炼油、化工产品、塑料、合成树脂及合成纤维四大类，其中石油产品主要包括汽油、柴油、航空煤油、液化石油等；化工产品主要包括乙烯、丙烯、丁二烯、醋酸乙烯等；合成树脂和合纤聚合物主要包括聚乙烯、聚丙烯、聚酯、聚乙烯醇等；合成纤维包含腈纶、涤纶短纤维、涤纶长丝等，是发展现代石油化学工业的重要基地，在纽约、香港、上海三地上市。2016年，实现营业收入778.94亿元，纳税142.23亿，全年完成商品总量1283.06万吨。

（二）主要做法与经验

加强环境治理。2016年，上海石化不断推进污染减排重点项目建设，完成“碧水蓝天”项目以及11项金山地区环境综合整治项目建设，进一步提升了对废水、废气、固废的处理能力，实施烯烃开工锅炉脱硫脱硝改造并正式投入运行，脱硝效率约为80%、脱硫效率约为90%，达到国内先进水平。研发和推广污染减排技术，超重力脱硫技术在炼油装置首次试验成功，在高效脱除尾气中的硫化氢的同时提高硫黄回收装置的硫黄回收率，减少硫排放。进一步健全公众开放日长效机制。

发展循环经济。上海石化大力推进废水回收再利用、废气回收清洁生产、技术改造节材增效，促进资源节约，发展循环经济。在废水回收再生利用方面，通过废水回收改造、循环水场清污分流、集中清洗、增加回用水使用量等措施，实现用水总量和单位产值水耗持续下降，污水再生利用率大幅上升。开展码头油气回收、水汽开工锅炉尾气项目、废气回收装置等，促进废气回收的同时实现清洁生产。通过抽中间馏分油促进航煤增产、利用废旧纸屑替代木屑，进一步促进节材增效。

推动绿色发展。上海石化不断提高能源利用效率，积极推进绿色低碳发展，开展生物多样性保护，不断提升公司绿化水平。强化管理节能和技术节能，通过能源管理体系认证，综合能耗总量同比下降3.8%，产值能耗同比下降3.7%。加强碳排放控制和管理意识，积极参加碳排放系列培训，开展碳排放核查，履行配额清缴义务。在杭州湾潮间带开展生态监测。持续开展植树绿化活动，共建生态石化。

（三）节能减排投入与效果

2016年，公司环保投资1.71亿元，全年未发生重大及以上环境污染和生态破坏事故，主要污染物排放量下降。

表5-1 近三年来上海石化节能减排相关指标情况

指标	单位	2016年	2015年	2014年
COD排放同比变化率	%	-6.18	-0.69	-26.07
氨氮排放同比变化率	%	-6.17	0.98	-14.81
SO_2 排放同比变化率	%	-9.74	-4.08	-25.11
氮氧化物排放同比变化率	%	-7.27	-9.63	-23.51
外排废水量同比变化率	%	-15.97	-4.00	-4.94
外排废气同比变化率	%	-2.88	-5.28	-6.35
工业用水重复利用率	%	97.38	97.38	97.30

资料来源：2016上海石化社会责任报告。

二、湖北兴发

（一）公司概况

湖北兴发化工集团股份有限公司（简称湖北兴发），是一家以磷化工系列产品和精细化工产品的开发、生产和销售为主业的上市公司。公司成立于1994年，并于1999年在上海证券交易所上市。公司是我国最大的精细磷酸盐生产企业，在湖北兴山、宜都、宜昌、远安、神农架、保康、襄阳以及河南、江苏、贵州、新疆等8个省份建立了规模化生产基地。目前有电子级、医药级、食品级（添加剂）、工业级、肥料级产品12个系列184个品种。黄磷、三聚磷酸钠、六偏磷酸钠、次磷酸钠二甲基亚砜以及电子级磷酸销量居全国首位。2016年上缴税费4.98亿元。

（二）主要做法与经验

大力发展循环经济。公司按照减量化、再利用、资源化的原则，以资源高效循环利用和节能降耗减污为重点，以技术创新为支撑，形成了以“创新中循环，循环中增效”为特色的循环经济发展模式，在公司各园区，利用不同产品间的共生耦合关系，通过工艺之间的物料循环，使得工序的产品和副产物都成为下道工序的原材料，在园区内首尾衔接，形成循环经济产业链条。自主研发我国第一套高效传热效应的热管余热汽包工业装置，实现磷酸余热生产饱和蒸汽100%回收，建成30万吨磷石膏综合利用项目。

积极推进环保治理。2016年，公司重点建设了一批环保技改项目，进一步提升了公司的清洁生产水平。对工业污水实施封闭循环利用，实现工业污水零排放。自主研发黄磷尾气净化清洁生产工艺，并在行业推广应用，连续4年获行业“黄磷能效领跑者”。废渣综合利用率达100%，废气综合利用率超过96%。投资近亿元实施能源管理综合平台，优化生产调度，提高管理效率，降低能源消耗，成为全国节能减排和两化融合标杆企业。2016年完成产品节能量12673.67吨标准煤。

第六章　2017 年有色金属行业节能减排进展

有色金属工业以开发利用矿产资源为主，是国家经济、科学技术、国防建设等发展的重要物质基础，对提升国家综合实力和保障国家安全等方面具有重要作用。我国有色金属工业发展迅速，基本满足经济社会发展和国防科技工业建设的需要。2017 年，有色金属行业主要产品产量继续保持增长，全国十种有色金属产量 5378 万吨，同比增长 3%，主要产品价格继续回升；在节能减排方面，产业结构进一步优化，利用综合标准依法依规推动落后产能退出，不断加大技术推广力度，再生金属支持力度不断加强。紫金矿业、豫光金铅等典型企业在节能减排方面成效突出。

第一节　总体情况

一、行业发展情况

2017 年，有色金属行业继续按照国务院印发的《关于营造良好市场环境促进有色金属工业调结构促转型增效益的指导意见》以及《有色金属工业发展规划（2016—2020 年）》提出的目标任务，推动我国迈入世界有色金属工业强国。

2017 年，有色金属行业主要产品产量继续保持增长，有色金属产量已连续 16 年位居世界第一。2017 年产量达到 5378 万吨。2005 年以来有色金属产量变化如图 6－1 所示。

图 6－1　2005—2017 年我国十种有色金属产量

资料来源：国家统计局，2018 年 2 月。

2017 年全国十种有色金属产量同比增长 3%，为 5378 万吨，增速同比提高 0.5 个百分点。其中，铜产量增长 7.7%，为 889 万吨，提高 1.7 个百分点；电解铝产量增长 1.6%，为 3227 万吨，提高 0.3 个百分点；铅产量增长 9.7%，为 472 万吨，增速提高 4%；锌产量下降 0.7%，为 622 万吨，上年同期为增长 2%。氧化铝产量增长 7.9%，为 6702 万吨，增速比上一年提高 4.5 个百分点。

主要有色金属价格继续上涨。12 月，上海期货交易所铜平均价格为 52982 元/吨，同比上涨 14.7%；锌平均价格为 25271 元/吨，同比上涨 14.5%；电解铝平均价格为 14738 元/吨，同比上涨 4.7%；铅平均价格为 18550 元/吨，同比下跌 6.3%。

二、行业节能减排主要特点

（一）产业结构进一步优化

按照《关于营造良好市场环境促进有色金属工业调结构促转型增效益的指导意见》（国办发〔2016〕42 号），2017 年有色金属行业严控新增产能，启动清理整顿电解铝行业违法违规项目专项行动，通过环境整治行动，倒逼企业关停落后设备和产能，改善市场供给。有色金属行业骨干企业在新兴领域，大力开发个性化产品，铝车身板、航空用中厚板快速发展，纳米陶瓷铝、铝空气电池等产品走向产业化，产业结构不断优化。

（二）利用综合标准依法依规推动落后产能退出

有色金属行业根据《关于利用综合标准依法依规推动落后产能退出的指导意见》，以供给侧结构性改革为抓手，强化法律法规约束，通过节能监察、环保执法、质量监督和安全生产监管等，强化强制性标准的运用，对环保、能耗、安全生产达不到标准或产品不合格的企业，要求限期整改，积极稳妥处置“僵尸企业”，公布企业“黄牌”名单，对整改后仍不达标企业，依法关闭，并公布“红牌”名单，促进落后产能退出。

（三）不断加大技术推广力度

有色金属工业围绕产业技术发展难点和重点，不断加大重点技术的推广应用。高性能金属粉末多孔材料制备技术、高强高导铜合金关键制备加工技术、球形金属粉末雾化制备技术、高铝粉煤灰提取氧化铝多联产技术、锂离子电池核心材料高纯晶体六氟磷酸锂技术等在行业初步推广应用，取得良好效果，获得国家奖项。行业不断发展深加工，不断加大乘用车铝合金板、船用铝合金板、航空用铝合金板、高性能动力电池材料、核工业用材、高端电子级多晶硅、高性能硬质合金产品、高性能稀土功能材料等关键基础材料的推广力度，继续推广铝合金运煤列车、铝合金半挂车、铝合金油罐车、铝合金货运集装箱以及新能源汽车、乘用车等轻量化交通运输工具。

（四）再生有色金属产业不断壮大

再生金属回收利用是有色金属工业节能减排的重要途径，废有色金属回收龙头企业不断推进回收利用体系建设，利用信息化提升废有色金属交易的智能化，推进清洁生产，提高生产集中度以及废水处理率。不断开发原料处理、湿法分离、火法冶炼、有价金属提炼等先进工艺。在再生有色金属方面积极推行PPP和环境污染第三方治理等模式，引进专业化的投资主体和运营服务商，不断探索建立运营主体利益贡献机制，发展再生有色金属基地，通过兼并重组等市场化模式，联通上游回收、中游转运分拣、下游资源化利用产业链条，实现高效、持续运行。

第二节 典型企业节能减排动态

一、紫金矿业

（一）公司概况

紫金矿业集团股份有限公司（简称紫金矿业）创立于1986年，经过多年的发展，成为以金、铜、锌等金属矿产资源勘查和开发为主的集团公司。1998年12月由国有独资企业转为有限责任公司，2000年8月完成股份有限公司改造，2003年在香港上市，2008年在国内A股上市。公司在国内20多个省份和俄罗斯、澳大利亚、巴布亚新几内亚、塔吉克斯坦、刚果（金）、吉尔吉斯斯坦、秘鲁等国家投资建厂，是我国主要的金、铜、锌生产企业之一，也是重要的钨、铁生产企业。2016年营业收入788.51亿元，利润总额21.36亿元，纳税总额36.02亿元，位居我国黄金和有色金属行业前列。

（二）主要做法与经验

紫金矿业秉承"在开发中保护，在保护中开发"的方针，坚持"要金山银山，更要绿水青山"的环保理念，不断完善环境管理体系，加强环境治理和资源综合利用，提高环境应急能力，推进绿色矿山建设，促进可持续发展。2016年获水利部"生产建设项目水土保持生态文明工程"奖。

在环境管理体系建设方面，公司按照科学性、规范性、可行性、操作性相结合的原则，制定《环保生态考核管理制度（试行）》，强化对各权属企业的监督与考核。加强建设项目环评和"三同时"管理，对紫金山铜矿资源综合利用技改工程项目、珲春紫金多金属冶炼项目和废石综合利用项目等组织环保验收，按要求取得紫金铜业生产末端物料综合回收扩建等项目环评批复。为有效防范突发环境事件，降低环境风险，制定相应突发环境事件应急预案，开展应急演练，加强环境应急管理。加强环境秩序管理，推行环境秩序整治和对标管理工作。

在资源可持续发展方面，开发"热压预氧化"技术处理难选冶金矿，使金综合回收率提高30%，同时可对矿石中的有害杂质砷进行无害化处理。建设紫金山铜金及有色金属资源综合利用基地，开发低品位金矿、铜矿和含铜酸性废水综合利用技术，进一步扩大资源综合利用规模，提高矿产资源利用效率，改善矿山生态环境。2016 年，公司权属企业通过优化采矿方法、加强采场现场管理、采幅控制等，提高采矿回采率。根据矿山条件和尾矿特点，对尾矿、废渣及废水充分回收和利用，有效减少含铜废水排放，回收铜金属。

2016 年，公司完善了《能源管理办法》，制定了节能奖励办法，建立能耗指标数据库，开展能耗指标分析对标，权属企业实施节能技术改造，引进大型节能设备，优化采选冶工艺。各权属企业废水、废气污染物稳定、达标排放，外排总量符合要求，一般工业固体废物和危险废物安全处置或综合利用。公司建立了循环经济体系，提升资源节约与综合利用水平，提高资源综合利用率。在矿山开发过程中，实行“开发一块、稳定一块、恢复一块”，因地制宜做好植被恢复工作。

（三）节能减排投入与效果

紫金矿业 2016 年水保与生态资金投入 8100 万元，恢复植被 214 公顷，实施造林碳汇减排每年约 1.5 万吨。集团母公司万元工业增加值能耗由 2015 年 0.444 吨标煤/万元下降到 0.229 吨标煤/万元，集团股份公司加权平均万元产值能耗由 2015 年 0.1027 吨标煤/万元下降到 0.098 吨标煤/万元。

表 6－1　2014—2016 年紫金矿业主要冶炼产品能耗

生产单位与产品	单位	2016 年	2015 年	2014
巴彦淖尔锌冶炼厂/锌锭	吨标煤	809.3	822.6	914
紫金铜业/阴极铜	吨标煤	216.2	262	269
福建紫金铜业/锡磷青铜带	吨标煤	319.8	351	353
福建金艺铜业/铜管	吨标煤	236.5	256	259

资料来源：2016 年紫金矿业社会责任报告。

二、豫光金铅

（一）公司概况

河南豫光金铅股份有限公司（简称豫光金铅），成立于 2000 年 1 月，

2002年7月在上海上市，截至2016年12月，公司总资产112.8亿元，全年销售收入135.65亿元，在职员工3600人。主要产品包括铅、黄金、白银、铜、锑、铋以及硫酸、工业硫酸锌、氧化锌等，公司在电解铅和白银生产产能方面居全国前列，具有电解铅40万吨、黄金7000千克、白银1000吨、阴极铜10万吨的生产能力。公司参与10余项国家标准起草、修订，豫光商标被认定为中国驰名商标。公司按照循环开发、再生发展的发展模式，加强资源综合利用，发展循环经济，推进节能降耗，提高资源利用率，形成了“资源—产品—废弃物—再生产品”良性循环的产业模式。

（二）坚持绿色和谐发展

2016年，豫光金铅继续加大污染防治和减排投入力度，不断健全管理制度，强化制度执行，认真开展专项整治，推进环保措施项目建设，提高“三废”综合利用率，强化环保设施运行管理，使污染防治水平进一步提高，有效控制外排污染物。

依靠科技进步降低产品能耗，实现有毒有害物质替代。开发了以液态高铅渣直接还原炼铅（豫光炼铅）为核心的“铅高效清洁冶金及资源循环利用关键技术”，充分利用前矿粉的化学能，实现自然熔炼，液态渣直接还原粗铅，降低原工艺冷热交替引起的能源消耗。结合铅冶炼生产实践，研发“废旧铅酸电池自动分离—底吹熔炼再生铅新工艺”，开展废旧铅酸电池回收利用，利用再生铅替代原生铅，形成较为完善的再生铅产业循环生态链。

削减物流过程环境负荷。新建物料大棚，确保所有物料入仓入棚，减少物料堆存转移过程无组织排放现象。采用操作简便的雾炮降尘装置替代原有喷淋抑尘系统，抑尘效果显著。通过螺旋送灰方式替代车辆转运，将烟灰直接送入灰仓，减少转运中的无组织排放。对不能替代的车辆进行密封，并且车辆与放灰口采用布袋软连接，减少放灰时无组织排放现象。

（三）节能减排投入与效果

2016年，公司投资748万元，实施熔炼成还原炉及制粒机等污染防治设施体表改造、精炼厂无组织排放治理、贵冶厂转炉酸雾治理、直炼厂氧化炉无组织排放等14项污染防治与污染减排工程，对水、气、渣、尘进行了治理，进一步降低污染物排放总量，避免物料堆存、转移过程中抛洒、流失。

表6－2　2016年豫光金铅主要污染物排放情况

污染物	单位	年产生量	控制措施	备注
废水	万吨	91.13	污水处理站、部分回用，多余排放	年排放量20.4
废气	万立方米	1012000	除尘器、两转两吸制酸、尾气吸收	
一般固废	万吨	9.8	外售水泥厂作辅料综合利用	水淬渣
危险固废	万吨	36.5	返回生产系统综合回收有价金属	铅泥、烟灰等

资料来源：2016豫光金铅社会责任报告。

第七章　2017 年建材行业节能减排进展

建材行业是我国重要的原材料工业，是国民经济的重要基础产业，是促进工业绿色低碳循环发展的重要支撑。目前，我国建材行业正处于转型升级、由大变强的关键时期，机遇与挑战并存。传统建材产业体系的主干为水泥、平板玻璃、陶瓷和砖、瓦、砂石等产品制造。我国建材工业在国家政策的逐步引导下不断延伸产业链，提高产品附加值，促使其由原材料制造向加工制品转变，已经取得初步成效。随着深化绿色发展理念认识和推进供给侧结构性改革，建材工业也逐步加快产业结构调整，正处于调整的关键时期。“十三五”期间，节能减排仍将是建材行业的重要任务之一。

第一节　总体情况

一、行业发展状况

2016 年以来，随着地产回暖和供给侧改革工作的推进，我国建材行业也逐步开始回升。2017 年，我国建材行业的工业生产平稳，产品价格不断回升，经济效益良好，化解过剩产能也初见成效。统计数据显示，2017 年，水泥行业整体效益同比大幅提升，实现收入达 9149 亿元，同比增长 17. 89%；利润总额 876. 62 亿元，同比增长 94. 41%。其中，海螺水泥净利润达 159 亿元，排在首位。2017 年，海螺水泥的股价涨幅高达 69%。

整体来看，2017 年我国水泥行业产销量平稳。2016 年水泥产量为 24. 03 亿吨，2017 年水泥产量为 23. 16 亿吨（见图 7 – 1），同比下降 0. 2%；商品混凝土产量 18. 68 亿立方米，增长 9. 3%。2016 年平板玻璃产量达 7. 74 亿重量箱；2017 年平板玻璃产量达 7.90 亿重量箱（见图 7-2）。

总体来看，2017 年，全国水泥产量与上年持平，增速出现下降。受供给侧结构性改革的影响，产能收缩和库存减少，水泥和平板玻璃的价格均出现不同程度的提升。2017 年，水泥价格持续攀升。国家发展改革委数据显示：2017 年 12 月全国 P. O42.5 散装水泥均价为 445 元/吨，比上月上涨了 17.4%，同比上涨 43.1%。平板玻璃（原片）出厂价为 70.8 元/重量箱，比上月上涨了 1%，同比上涨 6.8%。

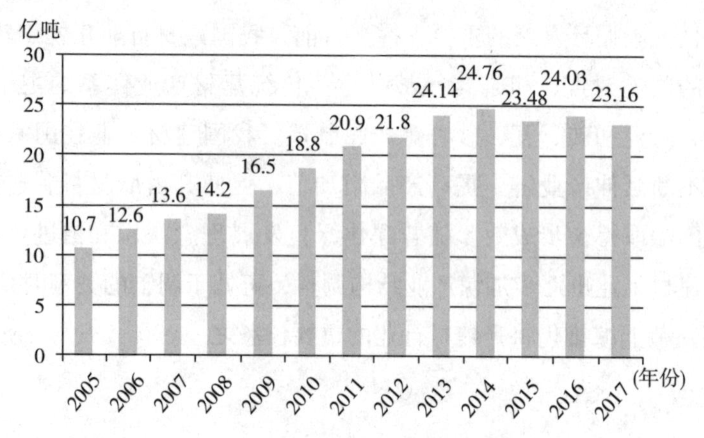

图 7-1　2005—2017 年我国水泥产品产量

资料来源：国家统计局，2018 年 2 月。

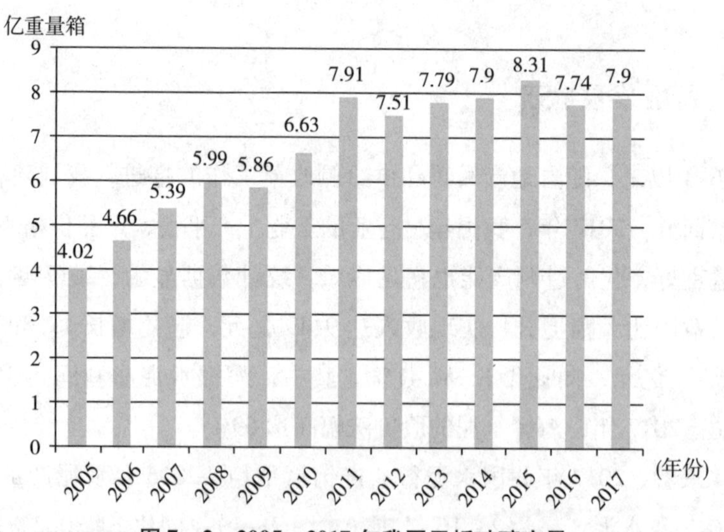

图 7-2　2005—2017 年我国平板玻璃产量

资料来源：国家统计局，2018 年 2 月。

二、行业节能减排主要特点

2017年是落实《中华人民共和国国民经济和社会发展“十三五”规划》《中国制造2025》《关于促进建材工业稳增长调结构增效益的指导意见》《建材工业发展规划（2016—2020年）》等文件的关键年。2017年行业节能减排主要有以下特点：

（一）加大淘汰落后产能工作力度

国务院多部门联合启动水泥、玻璃行业淘汰落后产能专项督查。2017年2月，国务院制定《水泥玻璃行业淘汰落后产能专项督查方案》（以下简称《督查方案》）。环境保护部、国家质检总局会同国家发展改革委、工业和信息化部、国家安全监管总局按照方案要求组成8个督查组，对全国31个省（区、市）和新疆生产建设兵团的水泥、玻璃行业淘汰落后产能工作进行了专项督查。中国水泥协会联合各省区水泥协会派出近20位专家配合政府各部门开展专项督查。2017年8月，环保部等五部委联合发布《关于水泥玻璃行业淘汰落后产能专项督查情况的通报》。督查期间，共现场核查水泥企业224家，发现全国仍有使用国家明令淘汰的落后工艺和设备的水泥熟料企业19家，产能433万吨；水泥粉磨企业70家，产能2058.7万吨。为有效压减水泥熟料、平板玻璃过剩产能，推动技术进步，加快联合重组，优化结构布局，工业和信息化部印发《水泥玻璃行业产能置换实施办法》。

表7-1 近年来建材行业淘汰落后产能目标任务情况

行业	单位	2011年	2012年	2013年	2014年	2015年	2016年
水泥	万吨	13355	21900	7345	5050	5000	559
平板玻璃	万重量箱	2600	4700	2250	3500	—	3340

资料来源：工业和信息化部（赛迪智库整理）。

（二）加强行业规范管理

2017年11月，为提升建材行业管理水平，规范建材行业规范条件公告程序，提升服务能力，工业和信息化部制定了《建材行业规范公告管理办法》。根据《水泥行业规范条件（2015年本）》《平板玻璃行业规范条件（2014年本)》《耐火材料行业规范条件(2014年本)》和相关公告管理暂行办法要求,工业和信息化部组织开展了规范企业申报工作,经评审、复核和公示,12月份公告了符合水泥行业规范条件生产线的第十批名单、符合平板玻璃行业规范条件生产线的第八批名单、符合耐火材料行业规范条件生产线的第一批名单。

(三)持续推动建材产品质量提升

2017年12月,工业和信息化部发布《关于提升水泥质量保障能力的通知》,积极贯彻落实《中共中央国务院关于开展质量提升行动的指导意见》及《国务院办公厅关于促进建材工业稳增长调结构增效益的指导意见》,不断深化“放管服”改革,提升水泥生产企业质量保障能力,提高水泥质量性能。同时,为健全绿色建材市场体系,增加绿色建材产品供给,提升绿色建材产品质量,推动建材工业和建筑业转型升级,国家质检总局、住房和城乡建设部、工业和信息化部、国家认监委、国家标准委等五部门联合发布《关于推动绿色建材产品标准、认证、标识工作的指导意见》。

(四)积极响应大气污染防治工作安排

2017年11月,工业和信息化部办公厅和环境保护部办公厅发布了《关于“2+26”城市部分工业行业2017—2018年秋冬季开展错峰生产的通知》,明确水泥行业(含特种水泥,不含粉磨站)采暖季按照《工业和信息化部环境保护部关于进一步做好水泥错峰生产的通知》(工信部联原〔2016〕351号)有关规定实施错峰生产,督促各地建立错峰生产安排并提出具体要求。

第二节 典型企业节能减排动态

一、中国建材

(一)公司概况

中国建材集团有限公司(简称中国建材)是经国务院批准,2016年由中国建筑材料集团有限公司与中国中材集团有限公司重组而成，是由国务院国有资产监督管理委员会直接管理的中央企业。其业务领域是集制造、科研、流通为一体，是我国规模最大、世界排名领先的综合性建材产业集团，其前身中国建筑材料集团连续六年荣登《财富》世界500强企业榜单。中国建材集团目前共拥有15家上市公司，其中海外上市公司2家。拥有26家国家级科研设计院所，共25万员工，3.8万名科技研发人员，8000多项专利，3个国家级重点实验室，8个国家级工程研究中心，33个国家、行业质检中心。

2017年，中国建材在引领建材工业供给侧结构性改革、加快产业创新发展、提升质量效益等方面都发挥了重要作用，集团本身在新材料产业、水泥产业结构调整、生产性服务业和开展国际产能合作等方面都取得了新成绩。

2016年，中国建材资产总额达5644.6亿元，年营业收入近2612.3亿元，利润总额达75.8亿元。目前拥有水泥熟料产能5.3亿吨、商品混凝土产能4.3亿立方米、石膏板产能20亿平方米、玻璃纤维产能178万吨、风电叶片产能16GW，各领域生产产能均居世界第一位；公司在国际水泥工程市场和余热发电国际市场领域处于世界第一。

（二）绿色发展

中国建材在水泥产业、新材料、工程服务这三大板块积极贯彻落实新发展理念，依靠科技创新，促进行业稳增长调结构增效益，积极推进企业兼并重组和落实“一带一路”倡议，都取得了成效，并且在推进水泥行业去产能、淘汰落后水泥生产线、取消低标号等级水泥等方面制订了工作计划。将发挥央企综合优势，发挥引领示范作用，推进创新能力建设，加快产业结构调整，实现我国建材工业“由大变强”作出新贡献。

中国建材给工业主管部门提出了有关水泥行业去产能的意见和建议，并将继续发挥好行业“领头羊”作用，推动水泥行业健康发展。

（三）节能减排投入与效果

2016年，中国建材的节能环保投入达43.4亿元，余热发电装机容量约2025.3MW，固体废弃物消纳能力约1.5亿吨。能源消费总量3590.9万吨标准煤，水泥余热发电量86.8亿千瓦时，厂区平均绿化率16.1%，循环水利用率93.7%，国家级绿色矿山16个。

表7-2　近六年来中国建材节能减排相关指标情况

指标	单位	2011年	2012年	2013年	2014年	2015年	2016年
万元产值综合能耗	吨标准煤/万元	1.97	2.17	2.04	2.03	2.11	2.01
万元产值二氧硫排放量	千克/万元	1.60	1.45	1.39	1.36	1.46	1.60
万元产值COD排放量	千克/万元	0.12	0.07	0.07	0.06	0.06	0.05
吨水泥综合能耗	千克标准煤/吨	61.33	62.06	63.53	64.45	66.55	74
吨水泥熟料氮氧化物排放量	千克/吨	0.92	0.78	0.89	0.76	0.69	0.70

资料来源：2016中国建材社会责任报告（赛迪智库整理）。

二、海螺水泥

（一）公司概况

安徽海螺集团有限责任公司（简称海螺水泥）于1997年成立，主要从事水泥及商品熟料的生产和销售。海螺水泥公司拥有两只股票，海螺水泥H股（0914）于1997年在香港上市，海螺水泥A股（600585）在上海上市。公司经营范围：水泥及辅料、水泥制品生产、销售及出口；机械设备、仪器仪表、零配件及企业生产、科研所需的原辅料生产、销售及进口；煤炭批发、零售；电子设备生产、销售；技术服务。

2016年，归属于上市公司股东的净利润为85.3亿元人民币。归属于上市公司股东的扣除非经常性损益的净利润76.8亿元人民币。预计2017年度实现归属于上市公司股东的净利润与上年同期（法定披露数据）相比将增加59.7亿—76.8亿元人民币，同比增加70%—90%。归属于上市公司股东的扣除非经常性损益的净利润与上年同期（法定披露数据）相比，将增加53.8亿—69.1亿元人民币，同比增加70%—90%。

（二）绿色发展

水泥生产企业，在生产过程中会产生粉尘、氮氧化物、二氧化硫等污染物。海螺集团共有48家子公司被列入《废气国家重点监控企业名单》。集团针对不同污染物的特点，有针对性地开展综合治理。一是为确保粉尘排放达标对生产线电除尘器进行升级改造；二是通过探索实践，形成富有海螺特色的脱氮脱硝技术"精细化操作+低氮燃烧+SNCR"，并完成生产线改造，有效降低 NOx 排放；三是鉴于公司少数矿山硫含量偏高的问题积极探索脱硫技术，减少 SO_2 排放，取得良好效果。

（三）节能减排投入与效果

2016 年，投入 1.28 亿元资金升级环保设施，持续加强节能减排技术研发，通过技改节约运行成本 4600 万元，效果显著。集团所有水泥熟料生产线全部配套纯低温余热发电机组，总装机容量达 1244 兆瓦，可实现节煤 277 万吨，相当于减排 CO_2 740 万吨。2016 年，海螺集团利用水泥窑处理生活垃圾 60 亿吨，利用水泥生产线消耗脱硫石膏、粉煤灰、尾矿等各类工业废弃物 4474 万吨，累计消纳各类工业废弃物 2.37 亿吨。

第八章　2017年电力行业节能减排进展

电力行业是将煤炭、石油、天然气、核燃料、水能、海洋能、风能、太阳能、生物质能等一次能源经发电设施转换成电能，再通过输电、变电与配电系统供给用户作为能源的行业部门。电力行业是影响经济社会发展全局的基础产业。目前我国发电机组装机容量居世界第一位，人均发电装机量、人均用电量均超出世界平均值，电力系统的安全性、可靠性以及配置能力显著提高，更好地满足了经济社会发展的用电需求，电力行业对经济社会发展的支撑能力进一步增强。

第一节　总体情况

一、行业发展情况

2017年，全国发电装机容量增长平稳（见图8－1），电力供给结构持续优化，电力消费结构不断调整，全国电力供需形势总体持续宽松。

据中国电力企业联合会发布的统计数据，2017年1—11月，全国6000千瓦及以上电厂装机容量16.8亿千瓦，同比增长7.2%，增速同比回落3.2个百分点。其中，火电10.9亿千瓦、水电3.0亿千瓦、核电3582万千瓦、并网风电1.6亿千瓦。1—11月，全国规模以上电厂发电量57118亿千瓦时，同比增长5.7%，增速比同比提高1.5个百分点。

1—11月，全国规模以上电厂火电发电量41728亿千瓦时，同比增长4.7%，增速同比提高2.5个百分点。全国规模以上电厂水电发电量10105亿千瓦时，同比增长2.7%，增速同比回落3.7个百分点。全国核电发电量2259

亿千瓦时，同比增长18.0%，增速同比回落5.5个百分点。全国6000千瓦及以上风电厂发电量2717亿千瓦时，同比增长25.6%，增速同比回落4.7个百分点。

图8－1　2005—2017年全国装机容量

资料来源：中国电力企业联合会、国家统计局，2018年1月。

据中国电力企业联合会发布的统计数据，2017年1—11月，全社会用电量增速同比提高，各省份用电量均实现正增长；工业和制造业用电量同比增长，但增速均低于全社会用电量；高载能行业用电增速同比提高，有色金属行业当月用电量连续三个月负增长；发电装机容量增速放缓，火电当月发电量连续三个月负增长；全国发电设备利用小时同比降低，水电设备利用小时降幅环比持续收窄；全国跨区、跨省送出电量同比增长；新增发电能力同比增加，风电新增发电能力与上年基本持平。

从三大产业结构和城乡居民生活用电量来看，2017年1—11月，第一产业用电量1074亿千瓦时，同比增长7.1%，占全社会用电量的比重为1.9%；第二产业用电量40185亿千瓦时，同比增长5.5%，增速比上年同期提高2.9个百分点，占全社会用电量的比重为70.1%，对全社会用电量增长的贡献率为59.8%；第三产业用电量8054亿千瓦时，同比增长10.5%，增速比上年同期回落1.1个百分点，占全社会用电量的比重为14.0%，对全社会用电量增长的贡献率为21.9%；城乡居民生活用电量8018亿千瓦时，同比增长7.7%，增速比上年同期回落3.8个百分点，占全社会用电量的比重为14.0%，对全社会用电量增长的贡献率为16.3%。

从高载能行业用电量来看，2017年1—11月，化学原料制品、黑色金属冶炼、非金属矿物制品和有色金属冶炼四大高载能行业用电量合计16565亿千瓦时，同比增长4.3%，增速同比提高5.2个百分点。其中，化工行业用电量4057亿千瓦时，同比增长4.4%，增速同比提高3.2个百分点；非金属矿物制品行业用电量3016亿千瓦时，同比增长3.6%，增速同比提高1.2个百分点；黑色金属冶炼行业用电量4497亿千瓦时，同比增长1.4%，增速同比提高6.4个百分点；有色金属冶炼行业用电量4994亿千瓦时，同比增长7.5%，增速同比提高8.0个百分点。

二、行业节能减排主要特点

我国电力行业积极转变发展理念和发展方式，发电结构进一步调整和优化，电力技术装备水平明显提升。近年来，火电行业在节能减排、绿色发展领域取得了显著进展，火电机组供电煤耗持续下降，超低排放改造迅速推进，主要污染物排放量大幅下降。

（一）发电结构进一步调整和优化

据中国电力企业联合会统计，截至2017年11月，全国6000千瓦及以上电厂装机容量达到16.8亿千瓦，同比增长7.2%，其中，火电10.9亿千瓦、水电3.0亿千瓦、核电3582万千瓦、并网风电1.6亿千瓦。火电机组结构进一步优化，清洁、高效、环保的超临界、超超临界先进机组比例大幅提升。非化石能源发电量增速明显高于化石能源发电量。2016年1—11月，规模以上电厂火力发电量同比增长4.7%，核电发电量同比增长18.0%，6000千瓦及以上风电厂发电量同比增长25.6%，规模以上电厂水电发电量同比增长2.7%。水电、核电、风电等清洁能源发电量占比持续扩大。

（二）电力技术装备水平不断提升

大力推进清洁高效发电技术的研发和推广，电力技术装备创新取得显著进展，在高效洁净燃煤发电、大容量高参数低能耗火电机组、可再生能源发电、第三代核电工程设计和设备制造、特高压、智能电网等技术领域取得重大突破，推动了我国电力行业技术水平全面提升。火电企业积极实施技术装备升级改造，发展大容量、高参数、节能环保型机组，持续推进机组大型化、高效化，热电联产机组占火电装机容量的比重不断提升。各级电网网架不断完善，智能化建设取得显著进展，配电网技术装备水平、供电能力和供电质量显著提升。

（三）火电机组供电煤耗持续下降

积极推动火电机组清洁有序发展，加快煤电结构优化和转型升级，促进煤电高效、清洁、可持续发展。火电企业积极推进综合节能改造，不断降低自身煤耗和厂用电率，节能效果显著。火电企业通过实施汽轮机通流部分改造、电机变频、锅炉烟气余热回收利用、供热改造等节能技术改造，供电煤耗不断下降。如图 8－2 所示，截至 2017 年底，中国火电机组平均供电煤耗下降到约 310 克标煤/千瓦时，比 2010 年下降 23 克，比 2005 年下降 87 克。目前，中国平均供电煤耗仍高于日本（306 克标煤/千瓦时）、韩国（300 克标煤/千瓦时）等效率最高的国家，但已达到世界发达国家的平均水平，而且仍在逐年下降。

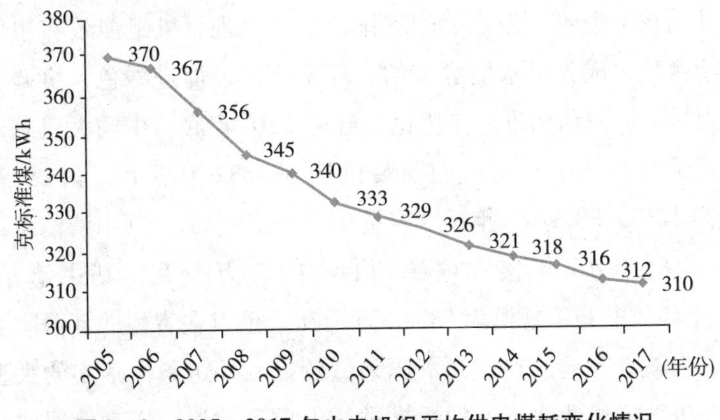

图 8－2　2005—2017 年火电机组平均供电煤耗变化情况

资料来源：中国电力企业联合会、国家统计局，2018 年 1 月。

第二节　典型企业节能减排动态

一、中国大唐

（一）公司概况

中国大唐集团公司（简称中国大唐）是中央直接管理的特大型发电企业集团，是国务院批准的国家授权投资机构和国家控股公司试点。中国大唐主要从事电力、热力生产和供应相关业务。截至2016年底，发电装机规模13539万千瓦，其中火电9213.18万千瓦，水电2290.22万千瓦，风电1355.19万千瓦，太阳能发电88.87万千瓦。清洁能源占总装机容量的31.76%。

（二）绿色发展

中国大唐以“提供清洁电力，点亮美好生活”为企业使命，不断加快理念提升，推动技术进步，强化节能减排，生产管理、机组能效和超低排放水平均迈上新台阶，成为追求资源节约、环境友好，促进绿色、协调、健康发展的重要力量。电源结构进一步优化。截至2016年底，中国大唐总装机容量为13539万千瓦，其中非化石能源装机达到3832万千瓦，占29.27%，比2010年提高12.23%。2016年投产容量635.87万千瓦，其中清洁可再生能源占比达43.4%。2016年核准电源项目545.7万千瓦，其中清洁能源占60.55%。全年风电开工规模为339.7万千瓦，重点在青海、新疆、甘肃、宁夏、云南、内蒙古等地区建设光资源条件较好、外送条件落实的大型并网光伏项目，积极发展优质水电，加快推进核电项目建设。推动发展清洁高效大型煤电，在重点区域积极推广高参数、大容量、低排放的超超临界节能环保型发电机组，择优发展高效热电联产项目、煤电一体化项目，适度发展路口电厂及负荷中心支撑电源。

（三）节能减排投入与效果

2016年供电煤耗为306.94克/千瓦时，同比下降2.34克/千瓦时。发电厂用电率为3.91%，同比下降0.04个百分点。二氧化碳、氢氧化物、烟尘、废水排放绩效全部完成计划争取值，处于行业先进水平。大唐集团积极落实国家、地方政府各项环保工作要求，全年完成88台燃煤机组的超低排放改造，超计划4台，累计完成超低排放机组157台，容量6454.5万千瓦，占在役煤电机组容量的67.8%。二氧化硫、氮氧化物、烟尘、废水排放绩效分别完成0.36、0.74、0.09和95克/千瓦时，同比分别降低0.27、0.32、0.03和14克/千瓦时。

二、中国华能

（一）公司概况

中国华能集团公司（简称中国华能）成立于1985年，是经国务院批准成立的国有重要骨干企业。2016年，中国华能发电总装机容量规模居世界第一，综合实力迈上世界先进水平。其中水电2104万千瓦、火电12662千瓦、风电1632万千瓦、光伏157万千瓦，低碳清洁能源比重达到28.98%。

（二）绿色发展

中国华能大力发展水电、核电、风电、太阳能发电等清洁能源，推进装机结构优化调整；积极实施燃煤机组超低排放等环保技术升级改造，持续提升清洁生产水平；不断加强节能精细化管理，研发应用先进高效节能技术，供电煤耗不断下降；加大科技创新力度，加强前沿节能减排新技术的开发与应用，促进生产方式转变，推动公司绿色发展。2016年，711万千瓦低碳清洁能源项目获得核准，其中风电核准规模在五大发电集团中实现领先。开工建设容量299万千瓦，其中新能源项目开工建设152万千瓦，占比50.8%。

（三）节能减排投入与效果

中国华能坚持绿色低碳发展，2016年中国华能全年节能环保改造投入109亿元，比2015年增加46.4亿元，有力地推动了企业节能环保水平提升。2016年中国华能供电煤耗为302.35克标煤/千瓦时（见图8－3），达到世界先进水平。厂用电率为4.11%，比2015年下降0.16个百分点（见图8－4）。低碳清洁能源装机容量达到4797万千瓦，高效清洁煤电装机比重达到80%。

积极推进煤电超低排放改造，2016 年，共有 97 台 4098 万千瓦机组完成超低排放改造，累计共有 160 台 6921 万千瓦煤电机组达到超低排放限值要求，容量占比达到59%。持续推进清洁生产工作，不断降低污染物排放绩效，主要污染物排放控制水平进一步提升。

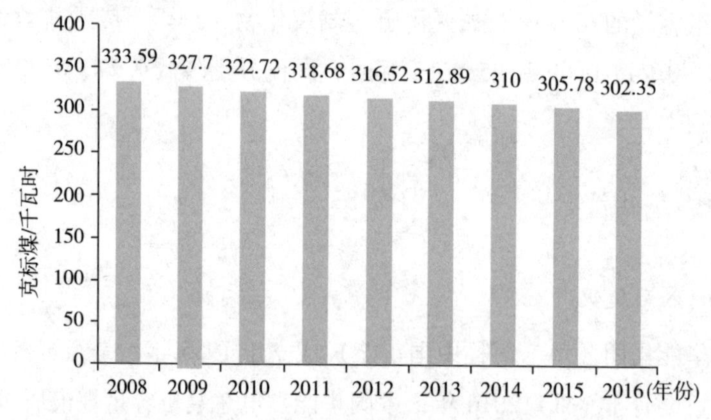

图 8 -3　2008—2016 年中国华能供电煤耗变化情况

资料来源：中国华能 2012、2013、2014、2015、2016 年可持续发展报告，2017 年 7 月。

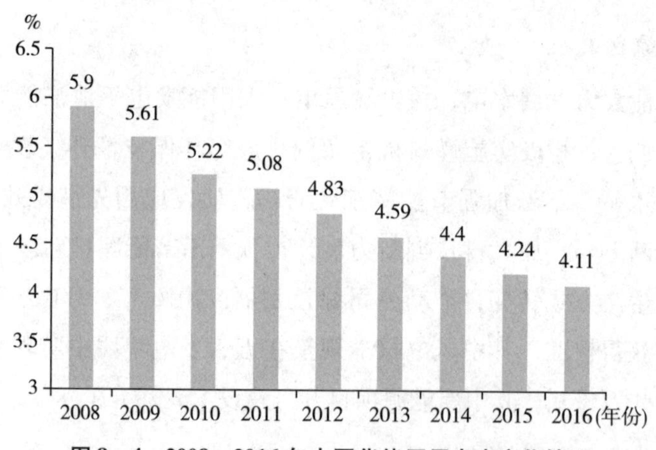

图 8 -4　2008—2016 年中国华能厂用电率变化情况

资料来源：中国华能 2012、2013、2014、2015、2016 年可持续发展报告，2017 年 7 月。

第九章　2017年装备制造业节能减排进展

装备制造业是制造业的“心脏”，是加速工业转型升级的“发动机”，装备产品是推进国民经济发展、夯实国防建设的重要基础。装备制造业包含金属制品、通用设备、专用设备等8个细分行业。目前，我国装备制造业规模较大，但“大而不强”的问题始终未得到彻底解决，需加速推动装备制造业转型升级，以实现制造强国的战略目标。

第一节　总体情况

一、行业发展情况

2016年，我国环保装备制造业规模实现较快增长，据《2016年国民经济和社会发展统计公报》统计，2016年我国装备制造业增加值增长9.5%，占规模以上工业增加值的比重上升至32.9%。2017年，我国环保装备制造业规模呈稳步上升态势，行业经营效益良好，国家统计局2017年发布的全国规模以上工业企业统计数据显示，2017年1—11月，装备制造业增加值同比增长11.4%，增速比规模以上工业高4.8个百分点。8个细分行业的利润总额同比均有所增长，其中专用设备制造业，仪器仪表制造业，通信设备、计算机及其他电子设备制造业利润总额同比增长幅度最大，分别为24.1%、20.7%和20.4%。2017年1—11月，8个细分行业除金属制品及汽车制造业同比增速放缓，其余6个细分行业增加值增速同比均有所增加，其中通信设备、计算机及其他电子设备制造业增加值增长13.9%，增速同比加快4.3个百分点，拉动装备制造业整体稳步上升。

表9－1　2017年1—11月装备制造业8个细分行业增加值累计增长率

行　业	2016年1—11月增加值累计增长（%）	2017年1—11月增加值累计增长（%）	2017年1—11月较2016年1—11月增速同比增长（%）
金属制品业	8.5	6.6	－1.9
通用设备制造业	5.7	10.7	5
专用设备制造业	6.5	11.9	5.4
汽车制造业	15.5	12.6	－2.9
铁路、船舶、航空航天和其他运输设备制造业	3.8	5.6	1.8
电气机械及器材制造业	8.6	10.7	2.1
通信设备、计算机及其他电子设备制造业	9.6	13.9	4.3
仪器仪表制造业	9	12.8	3.8

资料来源：国家统计局，2018年1月。

二、行业节能减排主要特点

装备制造业是国民经济的基础性支柱产业，有力地支撑着国民经济发展，但是随之而来的大量资源、能源消耗也给环境保护带来了不小的压力。全面推行绿色制造，打造智能化水平高、资源能源消耗量少、污染物排放水平低的“绿色化”装备制造工业体系，有助于推动装备制造业与自然、社会和谐发展，进而减轻制造业的资源、能源约束以及给生态环境带来的负面影响。

（一）政策引导装备制造业绿色发展

《中国制造2025》确立了我国制造业的发展方向——绿色化、智能化。在环保装备领域，2017年10月，工业和信息化部印发《关于加快推进环保装备制造业发展的指导意见》，将推进环保装备制造业向绿色化、智能化转型发展作为主要任务之一，推动行业提升绿色制造水平。在船舶设备制造领域，2017年1月，工业和信息化部等六部门印发《船舶工业深化结构调整加快转型升级行动计划（2016—2020年）》，明确要求将绿色理念融会贯通到船舶制造全产业链和产品全生命周期中，推广应用绿色造船技术，支持企业进行绿色化技术改造。在发电装备领域，《中国制造2025》重点领域技术路线图要求将清洁高效发电装备发展为主流技术。在电器电子产品制造领域，工业和信息化拟发布《电器电子产品有害物质限制使用达标管理目录》，对部分电器电子产品的铅、汞、镉等六种有害物质含量提出要求，进一步推进电器电子行业实施清洁生产。在汽车制造业领域，工业和信息化部等三部门发布《汽车产业中长期发展规划》，提出以绿色发展理念引领汽车全生命周期绿色发展，实施《汽车有害物质和可回收利用率管理要求》，对 M1 类汽车有害物质和可回收利用率进行公告管理，促使行业大幅削减有害物质使用，提升 M1 类汽车可回收利用水平。

（二）我国装备制造业不断向节能减排的绿色化迈进

我国装备制造业向绿色制造转变的趋势日益显著，如联想集团、吉利集团、中国兵器工业集团公司等行业领先企业，已将绿色制造理念贯穿到产品的设计、选材、技术工艺、生产、运输、回收利用等各个环节。创建绿色制造体系是装备制造业绿色转型升级的主要路径，面向全生命周期开展绿色设计，大力研发节能环保创新的技术工艺，建立智能化、绿色化的工厂，在生产过程中加强对各类污染物排放和耗水、耗能管控，最大化地减少加工环节中资源、能源的消耗。在使用及后续回收过程中对装备进行合理配置，提升使用过程能效，做好全生命周期资产管理，降低废弃后的装备产品对环境产生的影响。推动建立绿色数据中心，利用信息化手段，实时监控污染物排放情况，收集数据信息，为推行绿色制造提供有力支撑。加强对供应链的管控，打造绿色供应链，产出绿色低碳环保的装备产品。

（三）行业基础制造工艺技术绿色化水平仍存在较大进步空间

基础制造工艺技术是装备制造业发展的根基，既影响装备产品的质量，也关乎行业绿色发展水平。我国装备制造业基础制造工艺技术在能源消耗、材料利用率和污染物排放水平上仍与国际先进水平有较大差距，一定程度上制约了行业绿色发展。如铸造、锻造和热处理工艺，平均年消耗能源约占装备制造业规模以上企业总能耗的半数以上。每年因生产铸铁件而产生的废渣、废砂、氮氧化物等污染物合计总量过 1 亿吨，资源能源消耗巨大，污染物排放量大。装备产品轻量化设计、生产过程清洁化与短流程化、高附加值再制造和回收资源化等关键绿色化技术工艺有待进一步提高、创新、突破。

第二节　典型企业节能减排动态

一、联想集团

（一）公司概况

联想集团（以下简称联想）是全球重要的计算机及其他电子设备制造厂商之一，近年来始终致力于成为绿色企业的领导者，其在经营的各个环节融入绿色理念，努力创造高标准的环境友好型产品，利用开展生态设计等工作带动行业绿色发展。联想秉承产品全生命周期（LCA）理念，从供应链源头开始，在产品设计开发之初，考虑全生命周期各个环节对资源环境造成的影响，力图最大限度降低资源、能源消耗，尽可能减少污染物的产生和排放，构建绿色生产、绿色产品、绿色运营、绿色回收等四方面的生态设计体系。

（二）主要做法与经验

一是产品的绿色生产工艺创新。联想提出了创新的“低温锡膏工艺”，大幅提高印制电路板的良率，同时可减少生产过程中二氧化碳的排放，同时减免锡膏中铅的使用。该技术计划于2018年开始免费向全行业进行推广，推动电子行业绿色升级改造。此外，联想利用“私有云”走“智造”之路。联想旗下的联宝工厂实现了多系统间信息数据的共享，可大幅提升效率，降低耗电量，减少二氧化碳排放。

二是大力开发绿色产品。首先是对供应链的高效管控，联想引进并不断优化材料全物质声明解决方案和供应商导入全物质信息声明的系统平台，推动供应链开展全物质信息披露，为产品废弃后拆解、材料回收利用等提供信息和依据，实现有害物质合规管理。其次，通过高效管控供应链和提升绿色技术，联想在生产中逐步引入环保消费类再生塑胶（PCC），成为业内第一家使用PCC的厂商，使用量大幅领先。PCC的使用有助于减少电子废弃物污染、降低二氧化碳排放，避免焚烧、填埋等处理方式带来的环境污染。在产品包装方面，通过增加包装中回收材料种类、可回收材料比例、减少包装尺寸等举措打造绿色包装。同时，联想结合生命周期数据服务平台对选定产品进行碳足迹计算，发布联想微型计算机产品碳足迹报告，不断开发多类型产品精简 LCA 计算工具。

三是实施绿色经营。在供应商管控方面，联想建立了全球统一的采购体系，以公正、透明的采购管理模式保障供应商利益。制定《供应商行为操守准则》，覆盖可持续发展的各个方面，要求供应商遵守其经营所在国家的所有法律法规，并对供应商道德、社会及环境表现提出要求。在物流方面，联想通过建立国际产品运输碳排放量基准来逐步探索降低物流过程中碳排放产生的影响。在废弃物管理方面，联想在运营中产生的有害废弃物都遵照环境法规交由经核准可信的供货商进行处理。

四是进行绿色回收。联想一方面在设计时尽可能延长产品的使用寿命，另一方面不断加大对可再利用产品和配件的回收力度。联想在全球近 80 个国家和地区直接提供产品回收服务，并在近 60 个国家和地区针对商业客户开展资产回收服务。

（三）节能减排成效

在生产过程中采用“低温锡膏技术”每年可减少约 6000 吨二氧化碳排放；联宝 IT 应用系统可使上线时间大幅缩短，数据中心总设备能耗与 IT 设备能耗比值小于 1.67，每年节电 20 万度，减少 160 吨二氧化碳排放。在产品应用 PCC 等再生材料方面，据测算，十年来，共计使用约 9 万吨 PCC，减排约 6 万吨二氧化碳。在回收环节，自 2005 年以来，共计回收约 9 万吨废弃产品，自身运营和生产产生的废弃产品回收达 6 万吨，入围电器电子产品生产者责任延伸首批试点单位。

二、吉利集团

（一）公司概况

浙江吉利控股集团（以下简称吉利集团）是我国汽车制造业十强企业，连续五年跻身世界 500 强企业，旗下拥有吉利汽车、沃尔沃汽车等品牌，截至 2016 年，吉利汽车累计社会保有量超 500 万辆。吉利集团通过开展绿色设计、建设绿色工厂、开发环保汽车及新能源汽车和加强回收利用等深入实施绿色发展战略，切实把节能减排理念落实到生产及运营当中，为我国汽车制造业绿色低碳循环发展贡献了力量。

（二）主要做法与经验

一是秉承绿色设计理念。以原料无害化、能源低碳化、生产洁净化、废物资源化为目标，从产品设计开发阶段系统考虑各个环节可能对环境造成的影响，从源头将其降到最小。实施节能环保战略，通过应用车身降风阻设计、电子助力转向、动力总成等新工艺技术，实现汽车产品节能降耗与动力组合；大力开发轻量化技术，以设计模块化、集成化、通用化和应用超高强度钢、轻质高强度合金、先进超强符合材料为技术路径，降低整车油耗及排放；建立企业排放评价规范，制定满足甚至优于现有环保法规要求的环境绩效；严控禁限用物质使用，联合体系供应商建立整车零部件及材料的数据库，掌握所有零部件材料信息。

二是规划布局绿色制造现代工厂。吉利集团拥有数字化工厂，以产品全生命周期相关数据为基础，实现对全生产过程的仿真、评估和优化，降低设计到生产制造的不确定性，减少资源、能源的浪费。吉利集团各工厂优先配置高效节能环保的技术设备，积极研发应用于冲压、焊接、涂装、总装工艺等环节的节能环保技术，最大程度实现建设用地集约化、生产洁净化、废物资源化、能源低碳化的绿色工厂

三是生产绿色节能车型。实施“蓝色吉利行动”战略，加快发展节能（HEV、BSG）、新能源（EV、PHEV）、清洁能源（甲醇、CNG）等绿色节能车型，坚持以绿色产品开发为导向，将中国生态汽车评价目标纳入整车开发流程，平均每年推出五款以上绿色节能车型，建立“互联网＋出行服务平台”，运营“曹操”纯电动专车。

四是建立回收认证管理体系。吉利集团针对欧盟 RRR 指令（2005/64/EC）建立完整的回收认证管理体系，开发了国内汽车行业首款汽车回收率软件系统，积极参与国内汽车行业回收及有害物质管控体系建设，积极完善禁限用物质控制、整车数据收集、零部件标识、整车回收率计算分析技术标准和程序文件，对汽车产品全生命周期环保可回收性进行控制。

（三）节能减排成效

吉利汽车通过生产中应用轻量化技术，2016 年，实现节油 414 万升，减

少8740吨二氧化碳排放，减少污染物排放84.64吨。单车废水排放量1.573吨/辆，部分生产废水经“MBR超滤膜+消毒”处理，约40%回用于全厂绿化和道路洒水；工厂节能设备使用量过半，单车能耗降至0.123吨标煤/tce；生产使用水性漆占比约73%，应用成熟的喷涂、自动化生产工艺及RTO等设备实现VOCs降低和余热回收，VOCs排放为26g/m^2，达到行业先进水平；建立危废暂存库房，危废交由有资质的公司集中处理，并将废钢料、焊料、废包装材料等一般固废进行最大化资源再循环利用。在绿色节能车型，特别是甲醇汽车研发上，吉利集团参与2项国家“863”项目，形成近百项专利，开发14款整车产品，攻壳启动、燃料供给及关键零部件耐高温、抗腐蚀等技术瓶颈，整车技术水平国际领先；吉利新帝豪2017百万款1.3T手动向上版获得2016年第四批中国生态汽车金牌评价，是我国自主品牌首款获得此评价的车型；截至2017年4月，“曹操”转车运营累计减少16000吨二氧化碳排放。在回收利用方面，吉利集团各款车型的可回收利用率均超95%，可再生利用率均超85%，优于我国汽车产品回收率用技术政策以及欧盟ELV（2000/53/EC）法规的要求。

区域篇

第十章　2017年东部地区工业节能减排进展

2017年，东部地区节能减排成效显著。北京、天津、河北、辽宁、上海、江苏、浙江、山东、广东、福建等省份节能工作进展顺利，能耗进一步下降，单位产值能耗持续下降，各省份大气污染物排放量同比均有较大幅度下降，京津冀、长三角、珠三角等重点区域PM2.5平均浓度持续下降。电力行业碳交易在全国展开，北京、上海碳排放交易试点进一步深化。高技术行业持续发展，高耗能行业增速显著减慢，用能效率提高，结构调整成效明显。“高效节能磁悬浮离心式鼓风机技术装备”“无铅无镉环保电池制造技术”“焦炉上升管荒煤气显热回收利用技术”“微电网储能应用技术”等节能减排、循环经济、清洁生产技术产业化应用取得了良好效果。海南炼化、劲嘉彩印、海亮股份等大型企业节能减排管理水平进一步提升。

第一节　总体情况

我国东部地区工业发展水平普遍较高，工业结构相对良好，高耗能行业比例相对较低，高技术产业发展较好，广东、北京、上海等省市尤为突出。东部地区资源利用效率总体合理高效，节能工作进展顺利，主要污染物排放持续降低，但京津冀等地大气污染控制仍存在较大需求和挑战。

一、节能情况

2017年，全国万元国内生产总值能耗比上年下降3.7%，绿色发展扎实推进。全国工业用电量增长5.5%，工业稳定发展。

2017年12月，国家发改委发布了上一年度“十三五”能源消费“双控”

考核结果，东部各地区均顺利完成目标任务。

表 10 -1　2016 年度各省（区、市）“双控”考核结果

地　区	2016 年单位地区生产总值能耗降低目标（%）	2016 年能耗增量控制目标（万吨标准煤）	考核结果
北　京	3.5	247	超额完成
天　津	4	198	超额完成
河　北	3.5	646	超额完成
上　海	3.2	360	完成
江　苏	3.7	765	完成
浙　江	3.7	451	完成
安　徽	3.5	370	超额完成
福　建	3.4	432	完成
山　东	3.66	814	完成
广　东	3.4	1155	完成
海　南	2.1	116	完成

资料来源：国家发改委，2017 年 12 月。

分地区看，2017 年江苏省全社会用电量同比增长 6.4%，第二产业用电量增长 4.6%，工业用电略有回升。在新增申请用电报装容量方面，大工业生产申请量较上年增长 23%，发展动力十足。

2017 年，广东省工业能耗保持平稳，其中重工业为能耗的主要源头，高耗能行业增速较快，制造业增速相对平稳。1—11 月规模以上工业综合能源消费量 14381.72 万吨标准煤，同比增长 8.2%。而其中重工业综合能源消费量达 12171.43 万吨标准煤，增长 9.9%。制造业综合能源消费量 8986.30 万吨标准煤，同比增长 6.4%。六大高耗能行业综合能源消费量 11064.88 万吨标准煤，同比增长 10.2%。

2017 年，河北省发布了河北省“十三五”能源发展规划。计划到 2020 年，河北省能源消费总量控制在 3.27 亿吨标准煤附近，年增长率控制在 2.2%。压减煤炭，稳定原油、天然气产量在 580 万吨和 9 亿立方米，能源供给结构实现优化。控制煤炭消费量在 2.6 亿吨以内，天然气消费比重提高到 10% 以上，非化石能源消费比重达到 7% 左右。并且提高能源转化效率，突破

80% 的转化效率；单位 GDP 能耗及二氧化碳排放量较 2015 年分别下降 19% 和 20.5%，煤电单位供电煤耗降至 305 克标煤/千瓦时，电网综合线损率降至 6.4% 以下。

北京市 2018 年继续提高资源利用效率，计划单位 GDP 能耗、二氧化碳排放浓度分别实现 2.5% 和 3% 的下降，单位 GDP 水耗下降 3% 左右。

二、主要污染物减排情况

2017 年，按照《大气污染防治行动计划》和《京津冀及周边地区 2017—2018 年秋冬季大气污染综合治理攻坚行动方案》工作要求，通过淘汰化解落后产能，推进新能源发展，京津冀大气污染防治成果显著。长三角、珠三角均维持良好状态，三大区域污染物控制情况见表 10－2。

表 10－2　2017 年大气污染防治三大重点区域空气质量情况

区域	PM2.5		PM10		SO_2		NO_2	
	浓度（$\mu g/m^3$）	同比变化（%）	浓度（$\mu g/m^3$）	同比变化（%）	浓度（$\mu g/m^3$）	同比变化（%）	浓度（$\mu g/m^3$）	同比变化（%）
京津冀	73	－51.3	119	－43.9	29	－40.8	57	－26.0
长三角	70	2.9	108	5.9	18	－14.3	58	9.4
珠三角	55	1.9	81	1.2	16	6.7	54	－3.6

资料来源：环保部，2018 年 1 月。

分省市看，2017 年，河北省强化规范排水规定，推进排污许可制度，按照许可的规定排放污染物，对总量浓度进行管控，城镇污水处理设施接纳工业污水量限定在 40% 以内，不满足要求的企业及地区责令限期整改。

2017 年，山东省环境质量持续改善，空气、水质量显著提升。PM2.5、PM10、SO_2、NO_2 平均浓度同比分别下降 13.2%、8.4%、22.2%、7.3%；省控重点河流 COD 和氨氮平均浓度同比分别改善 2.7% 和 10.8%，52 个地表水考核断面的水质达到或优于Ⅲ类，水质优良比例达到 62.7%；劣Ⅴ类断面数量同比下降 59.1%，淮河流域率先全部消除劣Ⅴ类水体。

2017 年，切实提高污水处理率、污水处理厂运行负荷率和达标排放率，全力提升城镇污水处理水平。浙江全省 221 个省控水质断面中，劣Ⅴ类水质断面已由2014年的25个减至6个；全省392个市控断面中，劣V类水质断面已由2014年的65个减至27个。计划在2017年底，城市污水处理率达到92%，城镇污水处理厂全部执行最严格的一级A标准并稳定达标排放；全省新增城镇污水配套管网2000公里，新建、扩建城镇污水处理厂25座，实施城镇污水处理厂一级A提标改造48座，彻底消除劣V类水体。

三、碳排放交易

2017年底，碳排放交易试点（电力行业）在全国范围内正式启动，截至2017年7月5日，北京市碳排放权交易试点第四年度（2016年度）的报告和履约任务顺利结束，全市945家重点排放单位，本年度履约率和报告率均达到100%，重点排放单位加强碳排放管理、减少二氧化碳排放的自主性不断提高。碳排放权交易市场交易量和交易规模进一步扩大，截至7月4日，北京市碳市场排放配额累计成交量1886.99万吨，累计成交额6.80亿元，线上成交均价50.51元/吨。

上海碳排放权交易市场于2013年11月正式启动，连续四年实现100%履约。截至2017年已纳入了钢铁、电力、化工、建材、纺织、航空、水运、商业宾馆等27个工业和非工业行业的310家重点排放企业参与试点。截至目前，上海碳交易市场累计成交总量8741万吨，累计成交金额逾9亿元，共有600余家企业和机构参与。上海碳交易试点具有“制度明晰、市场规范、管理有序、减排有效”的特点。试点企业实际碳排放总量相比2013年启动时减少约7%。

第二节　结构调整

随着供给侧结构性改革深入推进，转型升级取得新成效。2017年，全国高技术产业和装备制造业增加值分别比上年增长13.4%和11.3%，增速分别比规模以上工业快6.8和4.7个百分点。“三去一降一补”扎实推进。钢铁、煤炭年度去产能任务圆满完成。航空航天、人工智能、深海探测、生物医药等领域涌现出一批重大科技成果。新产业新产品蓬勃发展，工业战略性新兴产业增加值比上年增长11.0%，增速比规模以上工业快4.4个百分点；工业机器人产量比上年增长68.1%，新能源汽车增长51.1%。经济结构继续优化。

分地区看，2017年，北京市规模以上工业增加值按可比价格计算，比上年增长5.6%，增速比上年提高0.5个百分点。其中，高技术制造业和战略性新兴产业增加值（二者有交叉）分别增长13.6%和12.1%。医药制造业、电子通信业也有18.8%和10.8%的高速增长。

2017年，天津市工业结构发生深刻变革且新常态特征明显，产业结构调整扎实推进。制造业增加值占规上工业的77.2%，同比增长9.3%，保持较快增长。高技术产业（制造业）增加值占规上工业的14.0%，同比增长10.4%；战略性新兴产业增加值占规上工业的20.8%，同比增长3.9%。这些新经济产业为地区工业发展提供了新动能。

2017年，河北省工业结构进一步优化。装备制造业增加值比上年增长12.1%，占规模以上工业的比重为27.0%；医药工业增加值同比增长7.9%；钢铁工业增加值同比下降0.1%；石化工业增加值同比下降3.6%；高新技术产业增加值同比增长11.3%，占规模以上工业的比重为18.4%。其中，新能源、生物、电子信息、高端装备技术制造领域增加值同比分别增长17.2%、15.3%、14.9%和13.9%。

2017年，上海市结构持续优化。电子信息产品制造业增加值同比增长7.6%，汽车制造业增加值同比增长19.1%，生物医药制造业增加值同比增长6.9%；相比之下，石油化工，精品钢材等增长在2.0%左右。战略性新兴产业制造业总产值10465.92亿元，比上年增长5.7%，增速同比提高4.2个百分点。其中，新能源汽车增加值同比增长显著，达42.6%，信息技术、生物医药增加值同比增长6.9%，节能环保增加值同比增长达7%。

2017年，浙江省产业结构优化继续加快。规模以上制造业中，高技术、高新技术、装备制造、战略性新兴产业增加值分别比上年增长16.4%、11.2%、12.8%、12.2%，主导了规上工业增长。信息经济核心产业、文化产业、节能环保、健康产品制造、高端装备等增长快速。

2017年，江苏省工业平稳发展，先进制造业发展加快。医药制造业增加值同比增长12.9%，专用设备制造业增加值同比增长15.1%，电气机械制造业增加值同比增长11.7%，通用设备制造业增加值同比增长11.4%，电子设备制造业增加值同比增长11.9%。智能制造、新型材料等大幅增长，工业机器人产量同比增长99.6%，3D打印设备同比增长77.8%，新能源汽车同比增长56.6%，服务器同比增长54.2%。

2017年，广东省工业结构优化成绩显著。高技术制造业增加值同比增长13.2%，占比为28.8%。其中，医药制造业、电子通信制造业、医疗设备制造业同比分别增长10.2%、13.7%、15.2%，航空航天器制造业同比增长达196.9%。六大高耗能行业增加值同比仅增长0.6%。

2017年，福建省结构调整稳步推进。高技术制造业增长较快，实现增加值1340.78亿元，同比增长12.5%，工业总增加值占比为11.0%。战略性新兴产业稳步增长，增加值2673.64亿元，同比增长4.8%，占比为22.8%。同时，六大高耗能行业增速也较高，实现增加值2956.10亿元，比上年增长6.0%，占比为24.3%。

第三节 技术进步

一、高效节能磁悬浮离心式鼓风机技术装备

磁悬浮高速离心鼓风机由高速永磁同步电机和高效三元流叶轮直接耦合驱动，无接触，无摩擦，无须润滑，彻底消除了传动损失；叶轮采用高强度铝合金，经100%X射线探伤和115%超速试验，确保高效可靠运转；风机实现变频智能化控制，可以实现就地和远程控制；整机采用撬装结构，布置紧凑，安装便捷，效率高达85%。具有以下优点：

一是节能高效。高速永磁同步电机与高效三元流叶轮直接耦合驱动。鼓风机能耗比传统罗茨风机低30%—40%，比多级离心低20%左右，比单级高速低15%左右。二是低噪声。采用自平衡技术，磁悬浮轴承振动量比传统轴承小一个量级。同时采取主动减振设计，运转稳定，机体振动小。风机噪声

在85dB以下。三是智能控制。采用PLC+GPRS/3G，可实时监控运行状态，实现风量、风压、转速等的智能调控及手动模式控制。还可以远程维修、调试。四是免维护。磁悬浮轴承，无接触，无摩擦，无须润滑；撬装结构，安装便捷。日常作业，仅需更换过滤器等易耗件，基本实现免维护。

磁悬浮高速离心鼓风机可广泛应用于污水处理、火力发电、余热发电、石油化工、钢铁冶金、水泥建材、印染造纸、浮法玻璃、食品医药等领域。

二、无铅无镉环保电池制造技术

该技术使用锌合金材料替代传统含有铅、镉的电池负极材料，实现对重金属材料的替代。该技术关键在于合金组分的选定，通过添加适量铝、钛、镁等配置锌合金材料，取代传统锌铅镉合金，生产工艺采取“精密合金+精密制造”模式，并配备先进适用的自动化工艺装备。主要解决了锌锰电池锌负极材料中含镉、含铅问题，为实现锌锰电池无镉无铅化提供原材料。与现有技术相比，将有害重金属铅的含量由0.35%—0.80%降至0.004%以下，将镉的含量由0.03%—0.06%降至0.002%以下，产品各项性能指标优于欧盟RoHS标准。电池的应用性能与有铅有镉电池相当，可以完全替代有铅有镉电池，利于环境保护和人体健康。

三、焦炉上升管荒煤气显热回收利用技术

在钢铁生产过程中，从焦炉碳化室经上升管逸出的650—750℃的荒煤气带有的热量占炼焦耗热总量的32%左右，具有重大的回收价值。该技术通过上升管换热器结构设计，采用纳米导热材料导热和焦油附着，采用耐高温耐腐蚀合金材料防止荒煤气腐蚀，采用特殊的几何结构保证换热和稳定运行有机结合，将焦炉荒煤气利用上升管换热器和除盐水进行热交换，产生饱和蒸汽，将荒煤气的部分显热回收利用。该技术在钢铁行业有广泛的应用前景。

四、微电网储能应用技术

该技术根据微电网项目特点和实际需求确定储能系统在微电网中的功能定位，通过基于先进理论算法的储能定容方法确定储能系统规模容量，根据

方案技术研究确定最优化的系统拓扑结构、关键设备选型和运行控制方案，并提供储能系统安装和运维优化建议。该技术使得储能系统在项目中得到合理配置应用，减少设备投资，提高设备使用寿命和运行效率，有效提高微电网对可再生和清洁能源接入容量。

关键技术在于智能控制与监测单元的系统集成算法技术，具有较高的技术性。适用于海岛、工业园区、办公园区以及偏远缺电地区等一般规模的环境，目前应用案例包括：珠海万山海岛新能源微电网示范项目东澳岛工程、珠海万山海岛新能源微电网示范项目桂山岛工程。

第四节　重点用能企业节能减排管理

一、海南炼化

中石化海南炼油化工有限公司（简称海南炼化）位于海南省洋浦开发区内，主要生产经营石油化工类产品，公司原油综合加工能力800万吨/年，产品包括液化气、航煤、汽油、柴油、硫黄、燃料油、苯和聚丙烯等。海南炼化广泛采用最新炼油化工工艺技术，配置以常减压蒸馏—催化原料预处理—重油催化裂化/加氢裂化的工艺流程方案。催化原料加氢预处理，中间馏分全加氢，汽油、航煤和柴油等进行加氢精制。该流程在轻油收率、产品质量、清洁生产和环境保护等方面具有一定的优势。

（一）打造循环经济产业链

炼化加氢裂化装置副产品供给园区汉地阳光公司，通过高压加氢工艺，生产工业白油和润滑油基础油，副产气体一部分供给海南实华嘉盛公司生产乙苯和苯乙烯，帮助工业园区实现循环经济一体化。公司持续强化固体废弃物处理处置。上游企业在钻井施工作业环节全面推广泥浆不落地工艺，在生态脆弱地区开展钻井废弃泥浆循环利用，将岩屑用于井场硬化辅料、烧结制砖、固化铺路等，实现无害化、资源化处置。炼化企业实施污泥干化项目。公司固废合规处置率达到100%。

（二）加强能源智能管理体系建设

公司注重节能降耗，完成能源管理系统推广建设，实现了与实验室信息管理、生产信息化管理、客户关系管理等系统的集成。通过核算企业燃动能耗成本、污染物产生量、二氧化碳产生量，评价企业的经济效益和环境承载力，引导企业优化调整燃动结构。2016 年，公司万元产值综合能耗同比下降 1.59%。企业加强节能监测，推进“能效倍增”计划。2016 年，公司加强对炼化企业大机组、主要动力设备和油田企业注水系统、机采系统、集输系统能源利用状况的监测，建立能效对标体系，下属企业通过源头节能实现减排降碳。公司实施“能效倍增”计划项目 418 项，实现节能 56.5 万吨标煤。

（三）加强清洁生产管理，大力发展清洁能源

采用新技术或绿色工艺，不产生或少产生污染物；采用高效脱硫脱芳油气回收技术，减少气态污染物排放，2016 年油田伴生气、试油试气、原油集输系统、加气站等甲烷的回收利用约 2 亿立方米。公司大力发展清洁能源，稳步推进天然气勘探开发，天然气持续上产。大力发展页岩气，涪陵页岩气田一期生产运行平稳，产量达 50 亿立方米，二期建设顺利启动，新建成产能 20 亿立方米/年。

二、劲嘉彩印

深圳劲嘉集团股份有限公司（简称劲嘉彩印），是中国首家上市烟包印刷企业，在 A 股中小企业板上市。目前是中国生产规模最大、科研创新能力领先、核心竞争力最强的现代化大型综合包装产业集团，中国包装印刷产业领跑者，行业的创新者与推动者。集团具有广泛的知名度和较大的影响力，拥有自主知识产权的国际先进印刷设备机群，已获得专利近 400 项，参与 28 项国家、行业标准制定。三度蝉联中国印刷百强榜首，先后荣获“中国包装龙头企业”“深圳 30 年杰出贡献企业”“中国环保包装印刷材料与应用技术研发中心”“国家级高新技术企业”“国家印刷标准研究基地”“国家印刷示范企业”“博士后流动站科研基地”等 200 多项社会荣誉，被工信部列入百家工业产品生态（绿色）试点企业，并有设计创意作品问鼎国际金奖。

（一）发展循环经济，重视自主科技研发

凭借企业技术研发实力，与国内外多家公司合作，研发多台拥有自主知识产权的包装印刷设备，可降解绿色环保产品，并将原材料再生循环利用，为企业规模化生产提供技术支持。结合创意设计，在新材料开发应用上不断开拓创新，围绕产品主材开发出环保转移金银卡纸、定位镭射纸、透明介质珍珠转移卡纸等系列纸张，以及水性油墨，高科技的温变、光变油墨，具有特殊视觉及手感的植绒油墨以及逆向油墨等极具特色又绿色环保的系列油墨。镭射全系防伪烫金铝箔、冷转移铝箔等应用均处于行业领军地位，为客户提供绿色环保又兼具特色创意的精品。

劲嘉彩印是中国纸包装印刷龙头企业，主要产品是高附加值产品包装、高端知名消费品牌的包装和全息包装材料。公司建有国家认可的 CNAS 实验室，参与起草国家、行业标准 28 项，拥有授权专利 93 件，其中发明专利授权 25 件。

（二）注重清洁生产管理

积极建立高度自动化和标准化的生产环境，持续推进精益化生产管理。利用可视化的现场、PDCA 责任层次会议、鼓励创新的改善提案、标准化工作流程与规范、焦点问题突破的课题化、TPM 设备管理等模式，为产品品质打下坚实基础，为成本的管控提供持续的原动力。

公司不断加大投入，未来三年，公司计划投入 14.6 亿元，推进绿色发展。实施绿色低碳发展意识提升计划，完成管理制度和人才队伍建设。建立产品生态设计中心，打造绿色产业链，提升产品绿色生态品质。加强清洁生产，提高资源的循环利用水平。每年绿色设计新产品 15 款，绿色印刷技术研发 4 项。工业固废 100% 回收处理，工业废水重复利用率不低于 80%。创建国家级包装工业产品绿色设计中心，打造中国纸包装工业产品创新示范基地，成为行业绿色发展领军企业。

三、海亮股份

浙江海亮股份有限公司（简称海亮股份），是全球最大的铜合金管生产企业和国际知名的铜加工企业，是中国最大的精密铜棒和第二大的铜管生产基

地。公司建有国家级企业技术中心和实验室、省级企业研究院和博士后科研工作站，于2008年1月16日在深圳证券交易所上市。

（一）践行绿色产品生态设计

公司以科学发展观和生态文明建设要求为指导，落实产品全生命周期理念，建设铜及铜合金材产品生态设计标准体系，培育和发展产品生态设计能力，优化产品结构和生态品质，逐步建立生态设计推进机制和评价体系，建立健全铜及铜合金材产品生态设计研发管理制度。公司新研发的多孔微通道合金扁管，应用于新一代空调热交换器，相较于传统铜管热交换器，可减少冷媒用量30%以上，缩减重量及体积30%以上，增加能效30%以上，还能减少加工成本30%左右。

（二）以科技开拓环保市场

结合集团材料研发优势，海亮股份联手浙江大学合作开发具有国际先进水平的SCR脱硝催化装置，不仅摆脱了此前该装置全部依靠进口的状况，而且，原材料和核心技术都实现了国产化，还有成熟可靠的高度自动化的生产线设备、完善的质量检测控制手段及作风严谨、技术过硬、求实创新的海亮员工队伍保证。主要包括称重、配料、干体挤压、干燥、锯切、煅烧和模块组装等生产工序及其全过程质量控制。目前，公司出产的蜂窝式脱硝催化装置产品质量和性能已经达到了国际先进水平。

第十一章　2017 年中部地区工业节能减排进展

2017 年，中部地区节能减排收效良好。山西、安徽、河南、湖北、湖南、江西等省份节能工作进展顺利，能耗进一步下降，单位产值能耗持续降低，各省份大气污染物排放量同比持续下降。在用能权和碳交易领域，湖北、河南积极探索，不断积累试点经验。高技术行业继续快速发展，高耗能行业比重有所下降，结构调整有待进一步加强。金属冶炼、陶瓷、化工、材料技术进一步发展。中国铝业河南、安利材料、五矿铜业等大型企业节能减排管理水平进一步提升，节能减排成效显著。

第一节　总体情况

一、节能情况

2017 年 12 月，国家发改委发布了上一年度“十三五”能源消费“双控”考核结果，中部各地区均顺利完成目标任务。

表 11－1　2016 年度中部地区各省（区、市）“双控”考核结果

地　区	2016 年单位地区生产总值能耗降低目标（%）	2016 年能耗增量控制目标（万吨标准煤）	考核结果
山　西	3.2	600	完成
安　徽	3.5	370	超额完成
江　西	2.5	422	完成
河　南	3.5	977	超额完成
湖　北	3.4	500	完成
湖　南	3	400	完成

资料来源：国家发改委，2017 年 12 月。

分地区看，2017年，江西省节能任务完成总体良好，2017年1—11月，江西省规上工业能耗增长3.0%，规模以上工业综合能源消费量4876.28万吨标准煤，同比增长3.0%，增速比1—10月回落0.2个百分点，工业能源消费保持平稳运行。

2017年，湖南省第二产业用电量886.79亿千瓦时，同比增长4.61%。工业用电量863.95亿千瓦时，同比增长4.73%，其中轻工业用电量124.57亿千瓦时，同比增长6.70%；重工业用电量739.38亿千瓦时，同比增长4.41%。第二产业占全社会用电量的比重大，其增长变化对全社会用电量的增降趋势影响较大，同时体现了产业结构调整的方向。

2017年，湖北省工业用电增速加快，主要依靠制造业用电快速增长的拉动。工业用电量1168.56亿千瓦，同比增长4.81%，增速高于上年2.89个百分点。从工业用电内部结构看，轻工业用电171.15亿千瓦时，同比增长9.32%；重工业用电997.41亿千瓦时，同比增长4.07%，轻重工业用电比为14.6:85.4，轻工业用电占比高于上年0.6个百分点。从工业内部主要行业看，全年采矿业用电38.51亿千瓦时，同比下降8.50%；制造业用电847.45亿千瓦时，同比增长10.78%；电力燃气水的生产和供应业全年用电282.60亿千瓦时，同比下降8.21%，制造业用电快速增长是拉动工业用电增长的主要动力。

2017年，安徽省全年能源消费量13051.9万吨标准煤，比上年增长2.8%。电力消费量同比增长7.1%。单位GDP能耗同比下降5.3%。2017年，河南省全年万元工业增加值能耗比上年下降9.1%，能效大幅提升。

二、主要污染物减排情况

2017年，中部省份大气污染防治压力仍然较大，但重污染天数在减少。

2017年，河南省PM10平均浓度为106微克/立方米，与考核基准年相比，下降16.5%；PM2.5平均浓度为62微克/立方米，完成了“大气十条”任务目标。2017年，河南省依据《河南省城市环境质量生态补偿暂行办法》，对18个省辖市和10个省直管县（市）按月实行生态补偿。全省共支偿城市环境空气质量生态补偿金13778.5万元。全省整治取缔“散乱污”企业83441

家。此外，秸秆禁烧取得新突破，秋季全省首次出现“零火点”。

2017年底，安徽省地表水总体水质状况为轻度污染，Ⅰ—Ⅲ类、Ⅳ—Ⅴ类和劣Ⅴ类水质断面比例分别为75.0%、18.8%和6.2%。与上年同期相比（可比断面），全省地表水总体水质状况无明显变化，Ⅰ—Ⅲ类水质断面比例上升2.3个百分点，劣Ⅴ类水质断面比例上升1.2个百分点。安徽深化试点完善机制。新安江流域生态补偿机制第二轮试点连年达标，水清江净效益凸显，推动建立常态化补偿机制，《安徽省地表水断面生态补偿暂行办法》制订待审。

2017年，江西全省11个设区城市达标（优良）天数比例平均为58.1%，比上年上升5.0个百分点。主要污染物中，全省设区城市PM10、PM2.5、SO_2月均浓度，比上年下降8.8%、9.1%、6.1%；NO_2浓度月均值比上年上升2.4%。江西省地表水水质总体为良好。断面（点位）水质达标率（Ⅰ—Ⅲ类）为85.1%（含县界断面），主要污染物为总磷和氨氮。

2017年，湖北省长江干流总体水质状况为优。监测的18个断面水质均达到Ⅱ—Ⅲ类，其中Ⅱ类占50%，Ⅲ类占50%。与上年相比，监测断面水质保持不变，长江干流水质总体保持稳定。

三、碳排放交易

湖北碳排放权交易中心于2014年4月开市，至2017年，共纳入236家控排企业。据统计，通过3年多的试点，企业在节能减排上的投入同比增加了38%，排放总量共减少了2691万吨。60%的企业实现绝对量减排，19%的企业实现了强度减排，控排企业占全省碳排放比重由47%下降到43%。纳入交易的企业主体是湖北省行政区域内年综合能源消费量6万吨标煤及以上的工业企业。试点尽管纳入门槛较高，企业数量较少，但覆盖的碳排放比重较大，且注重配额分配灵活可控，初始配额分配整体偏紧，采用“一年一分配，一年一清算”制度，对未经交易的配额采取收回注销的方式。

河南省被列入用能权有偿使用和交易制度试点省份，起草完成了《河南省用能权交易试点实施方案》。用能权交易有偿使用和试点是探索国家可持续发展路径、促进新常态下经济转型升级、破解能源环境资源约束的重要举措，也是尽早实现中国2020年单位GDP二氧化碳排放控制目标和2030年左右二氧化碳排放达到峰值目标的重要抓手。

第二节 结构调整

2017年，中部地区经济形势企稳，高技术、装备制造业等继续快速增长，高耗能产业平稳下降。

分地区看，2017年山西省工业经济平稳较快增长，经济增长步入合理区间。坚定不移去产能，“三去一降一补”成效明显。全年关闭煤矿27座，退出产能2265万吨，压减钢铁产能325万吨，超额完成年度任务。非煤产业成为工业增长的主动力。全省规模以上工业中，非煤产业增加值同比增长9.7%，快于煤炭产业6.1个百分点，对工业增长的贡献率达76.2%。非煤工业中，装备制造业增加值同比增长13.9%。战略性新兴产业较快增长。全年全省工业战略性新兴产业增加值同比增长10%，快于全省工业增速3个百分点。其中，新能源汽车产业增加值同比增长1.8倍（新能源汽车产量同比增长1.5倍），高端装备制造业增加值同比增长47.6%，新材料产业增加值同比增长8.6%，生物产业增加值同比增长11.1%。

2017年，河南省“去降补”重点任务有序推进。全年煤炭行业去产能任务提前完成，22家“地条钢”企业全部拆除到位。高技术产业增加值同比增长16.8%，战略性新兴产业增加值同比增长12.1%，分别高于全省规模以上工业增速8.8、4.1个百分点；工业机器人产量580套，同比增长19.1%，锂离子电池产量同比增长229.4%，太阳能电池同比增长84.3%，新能源汽车同比增长17.1%。

2017年，湖南工业生产运行稳中有升，规模以上工业增加值同比增长7.3%。装备工业持续发力。2017年，装备制造业主要构成行业中，汽车制造业实现增加值增长同比44.8%，对规模以上工业增长贡献率达24.8%，拉动全省规模以上工业增长1.8个百分点；计算机、通信和其他电子设备制造业增加值同比增长18.3%，对规模以上工业增长贡献率达15.0%，拉动全省规模以上工业增长1.1个百分点；通用设备制造业增加值同比增长16.9%，对规模以上工业增长贡献率达 10.8%，拉动全省规模以上工业增长 0.8 个百分点；中高端产业加快发展。2017 年，全省规模以上工业中高加工度工业、高技术产业实现增加值占比分别达到 38.0% 和 11.3%，同比分别增长 12.2% 和 15.9%，增速分别比 2016 年加快 1.6 和 4.5 个百分点。与此相反，原材料工业和高耗能行业发展较慢。2017 年，全省规模以上工业中原材料工业实现增加值占全部规模工业的 19.6%，同比增长 0.3%，增速大幅低于规模以上工业平均增速；六大重点高耗能行业实现增加值同比增长 1.8%，占规模以上工业比重为 30.3%，比 2016 年降低 0.3 个百分点。

2017 年，湖北工业生产保持增长。2017 年 12 月，全省规模以上工业增加值同比增长 7.4%，与1—11 月持平。工业结构逐步向中高端迈进。全省装备制造业增加值同比增长 12.2%，高于全部规模以上工业增速 4.8 个百分点，比上年提高 1.1 个百分点。高技术制造业同比增长 14.9%，高于全部规模以上工业增速 7.5 个百分点。

2017 年，江西省产业结构不断优化。高新技术产业增加值同比增长 11.1%，较上年提高 0.3 个百分点，占规上工业的 30.9%，同比提高 0.8 个百分点；战略性新兴产业增加值同比增长 11.6%，较上年提高 0.9 个百分点，占规上工业的 15.1%，同比提高 0.2 个百分点。装备制造业增加值同比增长 13.6%，高于全省规上工业增速 4.5 个百分点；六大高耗能行业增加值同比增长 5.1%，较上年回落 1.0 个百分点，低于全省规上工业增速 4.0 个百分点。

第三节　技术进步

一、水性单涂色漆技术

水性单涂色漆技术，是一项涂料替代工艺，相对传统涂装工艺简化了中涂以及清漆喷涂环节，减少涂料用量，VOCs 排放降至 $17g/m^2$ 左右。水性单涂层实色漆工艺以其工序短（电泳 + 面漆）、VOC，排放低、生产成本低等技术特点，成为解决卡车涂装生产中的环保和制造成本问题的最佳方案。在安徽江淮汽车股份有限公司 PPG 涂料（天津）有限公司已实现规模化生产。

二、陶瓷纳米纤维保温技术

该技术由合肥市嘉邦节能技术有限责任公司研发，该技术适用范围：－170—5℃保冷绝热工程，180—850℃保温绝热工程。目前已在石油化工行业所有高温管线部位及加热炉完成工业化应用。

陶瓷纳米纤维毯是以玻璃纤维和陶瓷纤维等多种纤维为骨架，采用胶体法和超临界强化工艺将陶瓷材料制备成为纳米级材料，粒径小于 40nm（空气分子团自由行程约为 70nm）的陶瓷粉体占 98% 以上，形成真空结构，从而在工业工程领域实现了真空绝热结构，使被保温体表面散热量减少 50% 以上（较传统保温材料）。陶瓷纳米纤维毯及其包裹技术采用了更为合理的密封材料，使传热垂直对流值降到最小；采用了更为科学的施工工艺，使陶瓷纳米纤维毯保温体与被保温体贴附紧密，使传热水平对流值降到最小。

三、碳纤维复合材料耐腐蚀泵节能技术

适用于还原性腐蚀性介质的输送领域。泵体、叶轮均采用碳纤维增强树脂基材料，材料的强度高、重量轻，可实现比金属泵更好的水力模型及更低的价格、比塑料泵具有更好的耐腐蚀性及 3 倍以上的使用寿命；采用模压热固化成型，线膨胀率低，泵体、叶轮表面光洁度高、同心度好，减少了泵内介质的运行阻力，同时采用 6 叶片设计，效率比金属泵高 2%—5%，比塑料泵提升 40% 左右。

四、NGL 炉冶炼废杂铜成套工艺及装备

该成套技术利用“再生铜冶炼熔体氮气微搅动技术”和氧气卷吸燃烧供热技术，实现了再生铜原料高效、清洁、安全冶炼，提升了热效率，降低了能耗和烟气排放量，工厂主要性能指标达到或超越了国外同类先进技术。

该技术由中国瑞林 NGL 炉研发团队经过多年的技术创新研发，拥有完全自主知识产权，在再生铜冶炼领域技术处于国内领先地位，具有核心竞争力，先后在广西梧州、山东金升等项目中成功转化应用。同时，该技术成果获得

了2016年江西省科技进步一等奖。

第四节　重点用能企业节能减排管理

一、中铝河南

中国铝业河南分公司（简称中铝河南）以电解铝生产为主，产业链完整，拥有从采矿、冶炼到加工一系列完整的产业链。通过国外引进及自主研发拥有世界先进的氧化铝生产技术，包括水硬铝石管道化溶出、常压脱硅、高效沉降分离、管式降膜蒸发、悬浮焙烧等技术及装备，赤泥絮凝沉降分离、间接加热连续脱硅新技术先后获得国家科技进步一等奖。首创的电解铝预焙槽改造技术为国内自焙槽的升级换代提供了典范。自主研发并生产的超大型炭阳极，质量达到国际先进水平。

（一）以科技筑环保

独创的“选矿拜耳法”技术可使我国80%的中低品位铝土矿资源得到有效利用，使矿山服务年限延长3倍以上；提高尾矿回采率和矿石综合利用率，实现资源的合理开采和高效利用。新型阴极结构铝电解槽成套技术已应用于国内7家企业共686台电解槽上，带来吨铝200多千瓦时的节电效果。

研发的“新型稳流保温铝电解槽节能技术”可实现吨铝节电500多千瓦时，每吨二氧化硫的脱除成本节约100元以上，该技术在工业窑炉烟气治理方面达到国际领先的技术水平。

公司应用“赤泥综合利用技术”实现固体废弃物的回收再利用。包括赤泥烟气湿法脱流技术、赤泥选铁技术、赤泥生产工业污水净水剂技术、赤泥制备土壤调理剂技术。

根据行业特点，公司大力攻关，研发了重金属污水处理及资源化技术。该技术已成功应用于广西首座高浓度重金属污水处理及资源化项目——河池南丹工业园区重金属废水处理资源化项目，还应用于张家界奥威科技公司五倍子深加工废水处理项目。

（二）以管理实现节能之“铝”

一是公司推行《节能减排目标管理考核办法》，鼓励和促进全员节能增效。2016年，公司深化班级降本增效活动，发动全员节能降耗，全年开展降本增效活动的班组总数达到3813个，参与竞赛活动的员工总数达到4.6万人，实现收益3.43亿元。二是实行“大能源”管理策略。2016年8月，公司启动了“大能源”降本增效活动，从原料采购、生产消耗、能源梯度利用、新项目设备技术选型等方面制定“大能源”的管理策略。三是内部交流学习，集团内氧化铝、电解铝企业举办了现场观摩交流会，分享管理成功之道。2016年，公司二氧化硫同比减排19.04%，氮氧化物同比减排15.63%，同比节能100万吨标煤，连续4年节能量超过百万吨标煤，超额完成年度节能目标。

（三）留生态绿水青山

河南分公司香草洼矿区生态复垦，打造了矿区里的绿色农庄。河南分公司香草洼矿区采空区建起了500多亩生态农庄，在复垦地上种植杨树、核桃树、蔬菜以及杭白菊等经济作物，既帮助当地村民发展经济，又改善采空区生态环境。

二、安利材料

安徽安利材料科技股份有限公司（简称安利材料）成立于1994年，地处安徽省合肥经济技术开发区，主要研发生产经营生态功能性聚氨酯合成革和聚氨酯复合材料，是工信部认定的全国“制造业单项冠军示范企业”（聚氨酯合成革），位列“中国轻工业塑料行业（人造革合成革）十强企业”综合排序第一名。公司是中国深圳证券交易所公开上市企业。

（一）科技创新助力清洁生产

公司累计拥有专利权近300项，荣获“中国专利优秀奖”，是“国家知识产权优势企业”。最新研发的无溶剂聚氨酯合成革生产工艺解决了溶剂法DMF毒性大、VOC_s排放高的问题，在降低生产成本的同时具备溶剂法合成革同样的性能，该项技术处于全国领先地位。在对现有合成革产品的绿色升级基础上，公司未来将重点解决无溶剂聚氨酯合成革生态设计的共性关键技术并实现产业化，实现减量生产、高效生产、清洁生产，满足消费者绿色消费、品质消费的需求，打造聚氨酯合成革绿色高端产品和品牌。

（二）以管理践行清洁生产

公司是全国同行业内最早同时通过中国环境管理体系ISO14001、“中国生态合成革”和“ISO14024中国环境标志产品”认证的企业。公司是国内合成革行业中首家同时通过国际Oeko－Tex Standard 100信心纺织品标准认证和国际绿叶标志认证的企业。

三、五矿铜业

五矿铜业（湖南）有限公司（简称五矿铜业）设立于2013年10月，位于湖南省常宁市水口山镇水口山有色工业园内，是中国五矿集团落实“金铜综合回收产业升级战略”而成立的铜冶炼企业，总投资30.1亿元，2015年底全部投入运行。年处理含铜、金、银、硫物料55万吨，年产阴极铜10万吨、硫酸51.6万吨。

（一）践行绿色循环经济

公司主要负责实施湖南水口山金铜综合回收产业升级技术改造项目（简称“金铜项目”）。金铜项目充分利用中国五矿掌控的海外铜资源，有效整合湖南省内铜资源，并资源化无害化处理水口山含砷金硫精矿和五矿有色下属成员企业冶炼含铜中间渣料，积极打造成中国五矿在国内主要的铜冶炼加工及综合回收基地。

（二）推行绿色生态发展

秉承中国五矿集团“珍惜有限、创造无限”的发展理念，以新项目建设和跨越式发展为契机，提升绿色低碳循环发展意识，提高产品生态设计能力，推进资源综合回收与循环利用；积极采用先进适用技术，提高工艺装备水平和产品质量，降低资源能源消耗；提高铜产品的附加值，设计开发符合生态设计要求的产品，不断提升产品和品牌影响力。

第十二章　2017年西部地区工业节能减排进展

本章从节能减排、结构调整、技术进步和重点用能企业节能减排管理等四个方面，总结分析了2017年西部地区工业节能减排进展情况。2017年，西部地区节能减排形势不容乐观。宁夏、云南等部分省份能源消费呈上升趋势，西部部分地区排放问题受到环保部门关注，PM2.5浓度整体较高。西部各省份着力调整产业结构，贵州、甘肃、陕西等省份高技术和战略新兴产业快速增长，但宁夏等部分省份仍有重化趋势。还原炉高工频复合电源节能技术、机床用三相电动机节电器技术、超音频感应加热技术等重点节能减排技术得到很好的实践应用。宁夏天元锰业、内蒙古德晟金属、中国东方电气等重点企业节能减排管理水平进一步提升，节能减排工作取得显著成效。

第一节　总体情况

我国西部地区资源禀赋好、疆域辽阔，但受生态环境脆弱和开发难度较大等条件的制约，导致西部地区面临开发和保护相对失衡的局面，西部地区城镇化和工业化水平整体偏低，污染排放水平整体偏高。2017年以来，随着市场供求关系好转，西部地区高耗能行业呈现恢复性增长，西部地区多数省份工业结构以重工业为主，节能减排形势较为严峻。

一、节能情况

根据国家发改委发布的《2016年度各省（区、市）“双控”考核结果》，2016年，西部地区除重庆考核结果为超额完成等级，其他地区均为完成等级。2016年，受投资和新开工项目拉动，西部部分地区能耗总量增速明显加快，完成2016年目标难度较大。

表12-1　2016年西部地区“双控”考核结果

地　区	2016年单位地区生产总值能耗降低目标（%）	2016年能耗增量控制目标（万吨标准煤）	考核结果
内蒙古	2.8	660	完成
广西	2.5	340	完成
重庆	3.4	313	超额完成
四川	3.5	600	完成
贵州	2.97	370	完成
云南	3.5	361	完成
西藏	2.09	—	完成
陕西	3.5	410	完成
甘肃	2.97	266	完成
青海	1.5	224	完成
宁夏	3	300	完成
新疆	2.09	708	完成

注：西藏自治区相关数据暂缺。

资料来源：国家发展改革委，2017年12月。

分地区看，2017年1—11月，云南省工业能源消费增长较快，规模以上工业综合能源消费量6184.13万吨标准煤，同比增长4.75%，增速比1—10月提高0.95个百分点。全省全社会用电量1386.89亿千瓦时，同比增长7.27%，比1—10月提高1.27个百分点，其中，规模以上工业用电量891.37亿千瓦时，同比增长3.33%，比1—10月提高0.83个百分点。

宁夏受新项目投产达产和传统高耗能项目增长拉动影响，全区规模以上工业能耗和单位工业增加值能耗双双呈现两位数增长态势，2017年工业节能压力凸显。1—9月，全区规模以上工业能源消费量4194.2万吨标准煤，同比增长21.8%，增速比2016年全年加快18.4个百分点，2017年以来呈现持续高速稳定增长的运行态势。其中，重工业能源消费量3993.5万吨标准煤，同比增长22.4%，轻工业能源消费量200.7万吨标准煤，同比增长11%。2017年以来，随着宁煤集团煤制油项目投产，原煤消费量同比大幅提升，对全区能耗增长的拉动作用远远高于对经济增长的带动作用，工业增加值能耗不降反升，持续保持两位数增长。1—9 月，全区工业增加值能耗同比增长 12.2%，增速比一季度和上半年分别加快 1.4 和 1.6 个百分点。

二、主要污染物减排情况

根据环保部发布的《2017 年第一季度排放严重超标的国家重点监控企业名单》，西部地区共有 18 家企业纳入严重超标的国家重点监控名单，其中，内蒙古 4 家，贵州 3 家，青海 1 家，宁夏 6 家，新疆 4 家。

表 12－2　2017 年第一季度西部地区排放严重超标的国家重点监控企业名单及处理处置情况

序号	省份	企业名称	处理结果	目前整改情况
1	内蒙古	乌达经济开发区污水处理厂	处罚 23.21 万元	正在整改
2		内蒙古恒业成有机硅有限公司	处罚 16.71 万元	2017 年 3 月 8 日达标
3		赤峰富龙热电厂有限责任公司	处罚 34 万元	该企业旧厂 4 月 15 日关闭停产
4		东乌旗广厦热电有限责任公司	处罚 10 万元；责令限期治理	2017 年 4 月 15 日达标
5	贵州	习水县供水公司污水处理有限公司	处罚 8 万元	2017 年 4 月 28 日达标
6		仁怀市中枢污水处理厂	警告；责令限期治理	2017 年 3 月 18 日达标
7		普定县污水处理厂	处罚 5 万元	2017 年 4 月 4 日达标
8	青海	西宁张氏实业集团畜禽制品有限公司	处罚 1.44 万元；按日连续处罚 35.92 万元	正在整改
9	宁夏	宁夏电投银川热电有限公司	处罚 30 万元	正在整改
10		贺兰县惠民科技有限公司（原贺兰县污水处理厂）	处罚 31.9 万元	正在整改
11		平罗县供热公司	责令限期治理	热电集中供热投运，该公司锅炉全部关停
12		彭阳县污水处理厂	警告	正在提标改造，预计 2017 年 7 月完成
13		西吉县污水处理厂	警告	正在整改，预计 2017 年 7 月完成
14		海原县污水处理厂	处罚 13.51 万元	正在整改

续表

序号	省份	企业名称	处理结果	目前整改情况
15	新疆	乌鲁木齐河东威立雅水务有限公司	警告	城北再生水厂建成后，对该公司排水深度处理，城北再生水厂二期工程已试运行，三期正在建设
16		温泉县供排水有限责任公司	处罚3万元	正在整改
17		库尔勒金城洁净排水有限责任公司	警告	2017年2月20日达标
18		沙湾县永弘焦化有限责任公司	处罚25万元	正在整改

资料来源：环境保护部，2017年12月。

根据绿色和平发布的全国336座城市2017年上半年空气质量数据，内蒙古、广西、陕西、甘肃PM2.5浓度呈上升趋势，陕西省PM2.5涨幅超过10%，重庆、青海、西藏、新疆降幅超过10%。新疆PM2.5浓度全国排名第5，空气质量最好的5个省份中3个属于西部地区，包括西藏自治区、云南省、贵州省。

表12-3　2017年上半年西部地区各省份PM2.5浓度变化

地区	2017年上半年PM2.5平均浓度（μg/m³）	2016年上半年PM2.5平均浓度（μg/m³）	PM2.5浓度变化	PM2.5浓度全国排名（从高到低）
内蒙古	38.4	36.8	4.3%	24/31
广西	40.6	37.9	7.3%	22/31
重庆	49.6	55.3	-10.3	13/31
四川	49.3	51.5	-4.3%	14/31
贵州	32.6	35.4	-7.7%	27/31
云南	28.5	30.1	-5.3%	29/31
西藏	19.1	24.3	-21.2	30/31
陕西	65.3	58.9	10.9%	6/31
甘肃	41.8	38.4	8.9%	21/31
青海	33.6	41.6	-19.2%	26/31
宁夏	47.2	47.9	-1.4%	18/31
新疆	66.1	77.5	-14.7	5/31

资料来源：绿色和平，2017年12月。

第二节 结构调整

2017年以来，在供给侧结构性改革的推动下，西部地区工业领域供给体系的质量持续改善，高端制造业等先进产能加快发展。同时，落后产能也在逐渐退出，煤炭和钢铁去产能、“地条钢”产能出清任务完成较好。工业经济发展的新增长点、新动能正在形成。但宁夏等部分部区受一大批重大工程和高耗能项目的开工建设和投产影响，工业结构有重化趋势。

贵州省着力加快结构调整步伐，实施煤电联动、水火互济的能源工业运行新机制，工业新旧动能转换加快。煤电烟酒等传统领域发展稳中向好，2017年1—10月，全省酒、饮料和精制茶制造业，电力、热力生产和供应业，烟草制造业增加值同比分别增长13.9%、13.2%、4.8%，煤电烟酒四大传统行业合计实现增加值1979.18亿元，占规模以上工业经济的比重为55.6%，所占比重比上年同期提高1.1个百分点。大数据、大健康、装备制造等新兴产业延续快速发展之势，计算机、通信和其他电子设备制造业，电气机械和器材制造业，医药制造业增加值分别比上年同期增长86.2%、34.3%和20.5%。

陕西省非能源工业增长势头良好，优于能源工业增速。2017年1—11月，全省非能源工业实现工业增加值同比增长9.4%，拉动全省规模以上工业增长5.5个百分点，能源工业实现工业增加值同比增长6%，拉动全省规模以上工业增长2.5个百分点。11月，农副食品加工业，烟草制品业，有色金属冶炼和压延加工业，铁路、船舶、航空航天和其他运输设备制造业增加值分别同比增长24.1%、26.7%、6.1%、33.5%。工业新产品保持较快增长，光缆、工业机器人、新能源汽车、太阳能电池、智能电视分别同比增长14.6%、22.8%、57.7%、72.6%、270%。

甘肃省新经济增长迅速，去产能工作有序推进。2017年1—11月，全省规模以上工业中，战略性新兴产业工业增加值125.3亿元，同比增长7.5%，占全省总量的8.5%；高技术产业工业增加值69.1亿元，同比增长6.7%，占全省总量的4.7%。11月，全省规模以上工业风力、太阳能发电量分别同比增长66.8%、116.6%。“三去一降一补”有序推进，2017年，全省完成计划关闭退出煤矿10处，退出产能240万吨的年度任务，并开展省、市、县三级验收，全方位完成煤炭行业化解过剩产能任务；完成拆除取缔已发现的15家“地条钢”企业。

宁夏大力调整工业结构。但随着新项目投产达产和传统高耗能项目增长拉动，工业结构有重化趋势。从轻重工业看，轻工业增加值同比增长2.6%，重工业增加值同比增长9.8%。分企业类型看，大中型工业增加值同比增长7.0%，国有控股企业增加值同比增长9.3%，非公有工业同比增长7.3%。分产业看，医药行业增加值同比增长17.4%、电力行业同比增长16.4%、化工行业同比增长11.4%、冶金行业同比增长10.4%、机械行业同比增长7.3%、有色行业同比增长4.1%、煤炭行业同比增长3.1%、其他行业同比增长2.6%、建材行业同比增长0.9%、轻纺行业同比增长0.6%。

第三节　技术进步

一、还原炉高工频复合电源节能技术

还原炉高工频复合电源节能技术应用于新疆大全新能源18000吨多晶硅项目还原装置18台36对棒还原炉电控系统节能技术改造项目，技术提供单位为新疆大全新能源股份有限公司，技术适用于多晶硅、单晶硅、蓝宝石等生产工艺节能改造。该技术通过高频电源参与工频电源控制系统的叠层供电控制技术，实现高频化后的加热电源系统对多晶硅生长的影响作用。同时利用视觉测温技术在还原炉电流与温度双闭环控制系统中的实际应用，建立基于电源频率、硅棒温度、直径生长率等多参数测控的电源控制系统，实现对多晶硅还原炉的最优化控制。经对18台还原炉电控系统改造项目监测和计算，还原电耗从55kWh/kg降低至50kWh/kg，节电13670万kWh/a，实现节能4.7845万tce/a，减排$CO_2$10.253万t/a。预计未来五年，该技术推广应用比例可达35%，可实现节能12.39万tce/a，减排$CO_2$26.55万t/a。

二、机床用三相电动机节电器技术

机床用三相电动机节电器技术应用于宝鸡机床集团公司普通车床及 CJK 数控车床（工信部《高耗能落后机电设备（产品）淘汰目录（第二批）》）的节能改造项目，技术提供单位为北京优尔特科技股份有限公司，技术适用于三相异步电动机驱动的机床设备改造。技术原理为：取样电动机运行中“瞬时有功负荷”作为控制信号，实时监控测量实际负荷、自动调整有功功率，有效减少机床能耗。控制流程为：“瞬态有功负荷”→大于额定功率 1/2 自动调整为大功率→小于额定功率 1/3 自动调整为小功率→循环监控调整电动机“瞬态有功负荷”→实时调整电动机功率。该项目为年产 600 台 CJK 数控车床和年产 5000 台 CS6140－6266 普通车床配套“微计算机控制三相电动机节电器”，电动机装机容量合计 42000 千瓦，实现综合节能 3396. 3tce/a。预计未来五年，该技术在机床行业推广达到 5%，可节能改造 18. 9 万台机床，形成节能 10. 2 万 tce/a，减排 $CO_2$23. 79 万 t/a。

三、超音频感应加热技术

超音频感应加热技术应用于绵阳长鑫新材料发展有限公司挤出机加热系统节能改造项目，技术提供单位为四川联衡能源发展有限公司，适用于热加工领域挤出机等设备节能改造。技术原理：将工频交流电整流、滤波、逆变成 25—40kHz 的超音频交流电，从而产生交变磁场，当含铁质容器放置上面时，因切割交变磁力线会产生交变的电流（即涡流），涡流使铁分子高速无规则运动产生热能，从而实现含铁物质的加热，热效率可达到 95%。高频线圈不与被加热金属直接接触，系统本身热辐射温度在 40℃以下，接近环境温度，人体完全可以触摸。该项目采用超音频感应加热控制方式对 25 台挤出机加热系统进行专项节能技术改造，节电 195. 75 万 kWh，实现节能 685. 1tce/a，减排 $CO_2$1712. 8t/a。预计未来五年，技术推广比例可达 3%，约可节能改造 1000 台挤出机，可形成节能 2. 74 万 tce/a，减排 $CO_2$6. 85 万 t/a。

第四节　重点用能企业节能减排管理

一、宁夏天元锰业

宁夏天元锰业集团是一家涉及多领域、多元化的跨国大型企业集团，是国家重点行业清洁生产示范企业。电解金属锰产能达到80万吨，占行业总产能的40%以上。公司以建设“资源节约型、环境友好型”企业为目标，以源头控制和“三废”循环利用为环保战略目标，推动产能、产量、各项污染物控制水平不断提升。

（一）加大环保投入力度，构建绿色产业链条

天元锰业已初步形成了以锰产业为核心的循环经济产业链条，形成了特色鲜明、优势互补、互利共赢的产业经济体系。通过加大清洁生产改造力度，将污染物排放纳入企业的生产管理过程，加大源头削减和过程控制力度，减少资源能源消耗，减少污染物的产生和排放。一是大力开展废水处理。宁夏天元锰业集团先后投资4亿元用于废水治理，配套建设了生产废水、生活污水处理车间3个，将含锰废水、含铬废水、循环浓排水、生活污水、初期雨水分类收集和处理。二是开展粉尘治理。为了有效解决粉尘污染问题，公司在30万吨电解金属锰技改项目及水泥熟料生产线项目建设了标准化的全密闭的仓储大棚，配套了全自动封闭上料系统和布袋收尘系统，破碎、投料中产生的粉尘经布袋收尘系统收集后回用于生产。三是开展废气治理。对电解金属锰化合工序的化合罐进行密闭改造，安装了酸雾吸收塔，将产生的酸雾和有害气体吸收中和后回收，制成化合制液原料；对电解车间安装了强制抽风系统，抽取电解槽面产生的氨气，送至吸收装置吸收处理，并进行回收利用。通过多项废气治理措施，有效地降低了废气对周边环境的影响。四是开展废渣治理。建设了储存2300万吨废渣的一般工业废渣堆场，最大限度地实现固废的再利用，采用中国环境科学研究院废渣无害化处理技术，投资1.19亿元建设了年处理200万吨电解金属锰渣无害化处理及氨氮回收利用项目。

（二）坚持科技创新驱动，争创绿色花园工厂

一是建立创新平台，2012年集团成立技术创新中心，并成立了“宁夏电解锰工程技术研发中心”，和中国环境科学研究院、清华大学、北京化工大学、中南大学等多家院校及科研机构建立长期合作关系，聘请23位专家教授进行电解锰生产技术攻关。二是推动重大技术研发。开展了高品位进口矿石二次循环浸取工艺、电解锰渣无害化处理、自动化移动平台、锰渣煅烧脱硫烟气制硫酸锰、电解金属锰生产废水循环利用等十多项重大技术研发和100多项技术改造项目，其中电解锰渣无害化处理、电解锰陈化液胶体化过程中稳态金属离子实时观测技术、电解锰固液分离及二次浸出技术示范、自动化移动平台4个项目被列为“国家科技支撑计划课题”项目，目前已取得35项专利。今后将继续加强循环经济、清洁生产等关键和共性技术的研发与应用，重点解决锰行业关键共性的清洁生产技术问题，将能源高效合理利用与污染防治技术相融合，利用先进技术，提升环境治理水平。

（三）提升生态化水平，完善基础设施建设

天元锰业集团地处中宁工业园区的山荒地间，绿化区域土质差，大多为黄黏土、白浆土、盐碱土，处干旱地带，年降水量不足300mm，年蒸发量却达1700mm，绿化工作难度很大。为此，集团不惜高代价、高标准、高规格，对绿化区域进行换土、平整、配套灌溉设施，为树木、花卉成活提供了一个赖以生存的土壤条件。绿化中，坚持做到乔木和灌木相结合，常青树和落叶树相结合，当地品种和外来树相结合，重点提高常青树和花灌木的比例，色带和色块的配置，丰富植物色彩和图案的多样性。另外公司还建设了生态停车场，运用透气、透水性材料铺设地面，间隔栽植乔木等植物，形成绿荫环绕，将停车位与园林绿化结合，为车遮荫，降低温度，减少能源消耗。同时，让雨水回归地下，调节温度，减少排泄量，吸尘减噪，提升景观品质。到目前为止，企业绿化面积共计1万多亩，生产厂区绿化覆盖率达31%。

二、内蒙古德晟金属

内蒙古德晟金属制品有限公司（简称内蒙古德晟金属）位于内蒙古鄂尔多斯市鄂托克旗蒙西工业园区，公司主要围绕钢铁制品，不断开拓上下游产

业，主要产品为高强度螺纹钢、高速线材，主要销往内蒙古西部、宁夏、甘肃、陕西北部等地。近年来，公司大力推动绿色发展，积极建设绿色工厂，节能减排方面取得显著成效。

（一）通过先进流程技术和节能环保集成优化技术促进绿色工厂建设

企业从配料、烧结、冶炼、轧制全流程采用国际先进工艺技术，通过加强生产协调、优化冶炼工艺和提高操作技能等措施，成功实现“一罐到底、热送热轧”系列先进工艺，缩短了工艺流程，显著降低产品能耗水平，改善现场作业环境污染。原料场配有自动堆取料机、自动翻车机、解冻库、自动混匀料槽、高压雾化水喷淋装置，有效抑制扬尘，提高原料场作业效率。烧结区域采用小球烧结、厚料层、低温焙烧等多项工艺，并设有汽拖风机和烧结余热发电，有效保证炉料结构的合理性，降低焙烧过程中的能耗。转炉采用铁水一罐到底和转顶底复吹工艺，取消炼钢过程中混铁炉环节，减少铁水倒罐作业，从而减少铁水温降和损耗、烟尘排放。高炉采用富氧喷煤技术，充分提高燃料燃烧热值，降低能耗。轧钢加热炉采用双蓄热步进式加热炉，能有效降低能耗，保证钢坯温度均匀，实现全自动化的连铸连轧。

（二）以能源梯级利用不断提升能源利用效率

全厂高炉煤气、转炉煤气和余热余压全部回收利用，利用高炉煤气燃烧锅炉产生高温高压蒸汽（550℃，9.8MPa）发电，带动高温高压发电机组15000kW（15MW）发电，产生的中温中压蒸汽（450℃，3.8MPa）带动高炉鼓风机和烧结主抽风机，有效降低了吨铁电耗量。高炉煤气余压发电，利用高炉炉顶煤气压力220kPa降低至13kPa，拖动TRT发电机组，装机容量8000kW（8MW）。利用烧结矿从350℃左右冷却到100℃时产生的热量对锅炉加热，产生蒸汽，汽轮机拖动发电机发电，装机容量为7500kW（7.5MW）。全厂自发电量可达生产总用电量的70%以上，部分余热用于厂区生产、生活、办公供热。

（三）高度重视环保投入，大力发展循环经济

内蒙古德晟金属制品有限公司高度重视环保投入，在目前建成的一期工程中，总投资为94亿元，而环保投入达9.4亿元。企业大力发展循环经济，充分回收利用废水及废弃物。较为清净废水通过除盐水站处理，一级除盐水用于高炉密闭循环水系统、连铸闭式循环系统及轧钢工序用水；二级除盐水

用于转炉汽化冷却用水系统和加热炉软水冷却系统；三级除盐水用于高压蒸汽锅炉和余热发电锅炉补水。反渗透的浓盐水用于高炉冲渣、钢渣冷却、渣场喷淋降尘等；全厂废水零排放，循环利用率达98.71%。

固体废弃物全部实现综合利用。球团、石灰窑、烧结、高炉炼铁各工序烟尘灰全部收集返回各生产工序利用；脱硫石膏、高炉炼铁水渣、炼钢产生的废钢渣，全部送往矿渣微粉生产厂进行处理，并综合利用，矿渣微粉可用于生产水泥、免烧砌块、轻质环保砖等。矿渣微粉生产线，年处理能力为60万t/a。处理后成品矿渣微粉用于制作轻体环保免烧砌块，设计年产量为20万m^3/a。

三、中国东方电气

中国东方电气集团有限公司（简称东方电气）于上世纪50年代成立，总部位于四川省，属国资委监管，是全球最大的发电设备制造和电站工程总承包企业集团之一，发电设备产量累计超过5亿千瓦，已连续13年发电设备产量位居世界前列。近年来，企业积极践行“创新、协调、绿色、开放、共享”发展理念，尤其是在绿色发展方面实践经验丰富。

（一）潜心发展绿色能源

一是大力发展水电装备。国内单机容量最大的仙居375兆瓦抽水蓄能电站4台机组全部投运，每年可节约标煤约15万吨，减少二氧化碳排放约30万吨，可具备消纳风电、太阳能等可再生能源4500兆瓦能力。二是大力发展核电装备。东方电气研制的1000兆瓦级核电机组成功投运3台，每年可减少煤耗共计约12299万吨，减排二氧化碳32220万吨，二氧化硫105万吨，氮氧化物92万吨。三是大力发展风电装备。东方电气2016年产出风力发电机283台，总容量592.5兆瓦，每年可节约标准煤约43万吨，减少二氧化碳排放量约86万吨，节能降耗效益约8.2亿元。

（二）实施综合节能改造

一是研发光煤互补联合循环装备。2016年，山西国金电力有限公司2号机组采用东方电气设计的1兆瓦塔式太阳能光热与350兆瓦超临界循环流化床燃煤机组联合循环技术，成为国内首个将太阳能光热发电技术与传统燃煤发电技术进行“光煤互补”实现联合循环发电的项目。二是推动电站节能减排改造。2016 年完成大唐托克托 600 兆瓦机组改造项目，机组改造后热耗达到 7764 千焦/千瓦时，比改造前下降 417 千焦/千瓦时，煤耗降低 15 克/千瓦时，改造后供电煤耗达到 305 克/千瓦时，低于国家煤电节能减排升级与改造行动计划要求。三是推动环保设施减排改造。东方电气完成华美热电 CFB 锅炉项目脱硝、湿除装置的改造，进一步巩固国内火电环保市场地位。自主研发设计的 CFB－SNCR 脱硝装置，以及湿式静电除尘器等产品，有效促进了大型火力发电厂清洁燃烧、节能减排，提高了资源利用率水平。

（三）节约优化资源使用

一是能耗总量持续减少。以控制能耗总量为重点，运用能源管理体系的相关管理方法，识别主要能源使用，完善管理方案，持续加强重点用能单位、重点能耗设备的管控。强化照明、空调及设备待机等非生产性能耗的管控，固化合理用能的管理方法并有效执行。加强协同管理，从优化生产组织、工艺设计、设备运行效率等角度出发，积极推广节能技术和节能方法。二是水资源合理使用。严格按照国家相关法规标准，积极应用节能新技术、新工艺和新装备；完善生产用水和非生产用水计量，强化数据分析，为制订管控措施和监督检查做好充足准备；制定冷风机管理制度，对冷风机进水阀门清查、标注并对冷风机使用管理提出明确要求，督促使用单位加强对冷风机的管理；制定循环水管理制度，加强循环水管理；分区域检漏，及时治理泄漏，加强日常巡查，减少供水损耗。

（四）排放防治合法合规

一是废水废气达标排放。秉持“环境友好”社会责任理念，东方电气严格遵守《环境保护法》《大气污染防治法》等法律法规及环境管理体系要求，修订完善环保管理制度，落实重要环境因素的相关防范控制措施，定期开展环境监测，组织环保专项检查，环保设备设施有效运行，废水、废气等污染物达标排放。二是废弃物处置达标。严格遵守《中华人民共和国固体废物污染环境防治法》《废弃物管理办法》等法律、制度要求，做好固体废物收集、贮存、处置工作。危险废物均交有资质的单位回收处理，其余固体废物交由废品回收单位回收利用，生活垃圾交由环卫公司处理。在生产制作工程中排放的污染物均严格按照国家规定进行申报，并按时缴纳排污费。

第十三章　2017年东北地区工业节能减排进展

本章从节能减排、结构调整、技术进步和重点用能企业节能减排管理等四个方面，总结分析了2017年东北地区工业节能减排进展情况。2017年，受东北地区经济回暖影响，东北地区节能减排形势较为严峻，能源消耗较高，PM2.5排放水平不降反升，居全国前列。结构调整力度逐步加大，高技术行业发展势头良好，新产品增长较快。永磁式大功率能源装备多机智能调速节能技术、基于菱镁矿高效利用阻燃复合材料绿色制造集成技术、基于厌氧干发酵的生活垃圾/秸秆多联产技术等关键节能减排技术取得实践应用。吉林化纤、迈格钠磁、哈电集团等重点企业节能减排成效显著。

第一节　总体情况

东北地区是国有经济占比较高的老工业区，2017年以来，受工业品价格上涨，工业企业，尤其是工业类国企的盈利、收入持续改善影响，使得积弱多年的东北工业持续回暖。但东北地区产业结构重化特征依然明显，依赖资源能源的不可持续发展模式依然没有改变。2017年，伴随着东北地区工业经济逐步好转，东北地区能源资源消耗、污染物排放水平较高，东北地区工业绿色发展形势较为严峻。

一、节能情况

根据国家发改委发布的《2016年度各省（区、市）“双控”考核结果》，2016年，东北地区黑龙江考核结果为完成等级，吉林考核结果为超额完成等级，而辽宁省成为全国唯一未完成考核的省份，节能压力较大。

表13-1　2016年东北地区"双控"考核结果

地　区	2016年单位地区生产总值能耗降低目标（%）	2016年能耗增量控制目标（万吨标准煤）	考核结果
辽宁	3.2	710	未完成
吉林	3.2	291	超额完成
黑龙江	3.5	160	完成

资料来源：国家发展改革委，2017年12月。

二、主要污染物减排情况

根据环保部发布的《2017年第一季度排放严重超标的国家重点监控企业名单》，东北地区共有16家企业纳入严重超标的国家重点监控名单，其中，辽宁省9家，吉林省3家，黑龙江省4家。

表13-2　2017年第一季度东北部地区排放严重超标的国家重点监控企业名单及处理处置情况

序号	省份	企业名称	处理结果	目前整改情况
1	辽宁	辽中县污水生态处理厂	处罚1.97万元	正在整改
2		鞍钢集团矿业公司齐大山铁矿	按日连续处罚360万元	1号锅炉正在整改，2、3号锅炉已完成，目前运行的3号锅炉，监控数据显示达标
3		鞍山盛盟煤气化有限公司	按日连续处罚590万元	脱硫脱硝设施正在建设，预计2017年6月底完成
4		鞍山市千峰供暖公司	警告	正在整改
5		抚顺长顺电力有限公司	按日连续处罚340万元；责令限期治理	超标机组2017年4月1日全部关停
6		本溪衡泽热力发展有限公司（溪湖区彩屯热源厂）	按日连续处罚160万元	停产整改
7		本溪泛亚环保热电有限公司	处罚10万元	停产整改
8		丹东五兴化纤纺织（集团）有限公司	处罚10万元	正在整改
9		北控（大石桥）水务发展有限公司	按日连续处罚60.27万元	正在整改

续表

序号	省份	企业名称	处理结果	目前整改情况
1	吉林	德惠市东风污水处理有限公司	处罚 16. 27 万元；按日连续处罚 179. 06 万元	2017 年 4 月 17 日达标
2		松原市供热公司	处罚 10 万元	2017 年 3 月 25 日达标
3		延吉市集中供热有限责任公司	按日连续处罚 290 万元	停产整改
1	黑龙江	黑龙江龙煤鹤岗矿业有限责任公司热电厂	处罚 10 万元；按日连续处罚 270 万元；限制生产	正在整改
2		逊克县污水处理厂	处罚 11. 02 万元	正在整改
3		宾州镇污水处理厂	处罚 2. 29 万元；按日连续处罚 11. 47 万元；责令限期治理	2017 年 3 月 14 日达标
4		中煤龙化哈尔滨煤化工有限公司	处罚 174 万元	承担居民供气，不停炉分批整改，预计 2017 年 9 月完成

资料来源：环保部，2017 年 12 月。

绿色和平发布的全国 336 座城市 2017 年上半年空气质量数据显示，辽宁、吉林、黑龙江三省 PM2. 5 浓度均呈上升趋势，吉林、黑龙江 PM2. 5 涨幅超过 10%，东北地区大气污染治理形势不容乐观。

表 13－3　2017 年上半年东北部地区各省份 PM2. 5 浓度变化

地区	2017 年上半年 PM2. 5 平均浓度（$\mu g/m^3$）	2016 年上半年 PM2. 5 平均浓度（$\mu g/m^3$）	PM2. 5 浓度变化	PM2. 5 浓度全国排名（从高到低）
辽宁	50. 6	46. 5	8. 9%	12/31
吉林	48. 2	42. 5	13. 5%	22/31
黑龙江	40. 5	35. 3	14. 7%	23/31

资料来源：绿色和平，2017 年 12 月。

第二节　结构调整

东北三省作为我国的老工业基地，重化工业是其支柱产业，但具有产业结构较为单一，过度依赖于能源、原材料和装备制造业的特点。近年来，东北三省通过大力调整产业结构，高技术行业发展势头良好，新产品增长较快，去产能工作进展顺利，东北老工业基地正在焕发新的生机。

分地区看，辽宁省高技术行业和新产品增长较快，2017 年 1—11 月，规模以上计算机、通信和其他电子设备制造业，铁路、船舶、航空航天和其他运输设备制造业增加值同比分别增长 21.9%、20.2%。从新产品产量看，光缆、新能源汽车、太阳能电池（光伏电池）、工业机器人、城市轨道车辆产量分别同比增长 55.1%、24.9%、19.3%、16.1%、13.6%。

吉林省新产业发展形势较好，新产品产量快速增长，产能过剩类产品产量稳定下降。2017 年上半年，全省战略性新兴产业总产值同比增长 7.7%，高于规模以上工业总产值 0.5 个百分点。高技术制造业增加值达到 299.11 亿元，同比增长约 12%，占规模以上工业的比重达到 9.4%，比上年同期提升 0.2 个百分点。全省运动型多用途乘用车（SUV）、城市轨道车辆、化学纤维产量分别同比增长 58.4%、1.3 倍、21.3%。全省水泥、钢材产量同比下降 2.6%、0.8%。

第三节　技术进步

一、永磁式大功率能源装备多机智能调速节能技术

永磁式大功率能源装备多机智能调速节能技术由煤科集团沈阳研究院有限公司研发，并获得国家“十三五”科技重大专项支持，适用于能源领域高速、重载、大功率装备传动系统。永磁式大功率能源装备多机智能调速节能

技术基于电磁感应原理，通过电机带动导磁体盘切割永磁体磁力线产生感应涡流，永磁体磁场和涡流磁场相互作用生成转矩带动永磁体盘旋转，驱动负载运行，并通过自主调节永磁体与导磁体盘之间的气隙精准控制传递扭矩，实现不同特性负载输出转速和输出扭矩的精确调节。采用 MRAS 智能控制策略实现恒扭矩负载的软启动，减小电机及设备损伤，缩短电流浪涌时间，降低运行电流；采用模糊自适应整定 PID 控制策略控制多机驱动场合电机输出功率，按需出力，实现多机功率平滑控制，节省电能；应用于离心式负载调速时，可实时精确调节流量，减少阻力损失，节能降耗。针对石化、钢铁等应用泵类离心式负载的企业，调速传动系统占总设备量 15%—20%，预期 2020 年节能约为 16.3 亿—20.7 亿 kWh，折合成标准煤约为 49.5 万—61.7 万 t，减少二氧化硫（SO_2）排放 8.1 万—9.4 万 t，减少氮氧化物（NOx）排放 2.7 万—3.8 万 t。

二、基于菱镁矿高效利用阻燃复合材料绿色制造集成技术

基于菱镁矿高效利用阻燃复合材料绿色制造集成技术由辽宁精华新材料股份有限公司研发，并列入科技部“十二五”国家科技支撑计划、国家国际科技合作专项项目计划，已在辽宁省大部分地区展开应用推广。基于菱镁矿高效利用阻燃复合材料绿色制造技术是以废旧聚乙烯、木质纤维和低品位菱镁矿粉为主要原料，添加无卤阻燃剂和助剂，经成型物料配制、平行双螺杆挤出造粒、锥形双螺杆挤出成型和后处理等工艺制成的户外用无卤阻燃木塑复合材料。该技术采用的复合型无卤阻燃剂包括氢氧化镁、氢氧化铝、红磷等主要成分，利用协效阻燃原理，提高了无卤阻燃木塑复合材料的阻燃性能。该地板生产过程环保，地板所用材料可循环利用，实现了资源节约利用。研究数据显示，使用 1t 木塑材料，相当于实现二氧化碳减排量 1.82tCO_2/a，减少 1m^3 的森林砍伐，实现节能量 11tce/a。高性能的绿色复合材料，年市场增长率 30%，2016 年木塑复合材料产量 200 万 t，预估到 2020 年在辽宁省内景观工程改造中推广比例将达到 15%，预计投入 9000 万元，共实现二氧化碳减排量 5.46 万 t/a，减少 3 万 m^3 的森林砍伐，实现节能量 33 万 tce/a。

三、基于厌氧干发酵的生活垃圾/秸秆多联产技术

基于厌氧干发酵的生活垃圾/秸秆多联产技术是一种高效处理农作物秸秆和生活垃圾等废弃物的技术项目，已在黑龙江省得到应用，并列入《国家重点节能低碳技术目录（2017年低碳部分）》。该技术以城镇生活垃圾和农作物秸秆为原料，采用厌氧干发酵工艺制备沼气，经提纯后生产生物天然气；厌氧发酵后产生的沼渣经干化后，与生活垃圾中分选出的可燃物混合制成垃圾衍生燃料用于热电联产。该技术通过工艺技术集成和生产过程优化，对生活垃圾和秸秆等固体废弃物的梯级和高值化利用，实现气、热、电多联产。该技术为我国县域内生活垃圾处置和秸秆能源化利用提供了一种新的模式，具有较好的社会和环境效益。预计未来5年，该技术可推广应用30处，年处理废弃物500余万t，项目总投资将达到60亿元，可形成的年CO_2减排能力约为150万t。

第四节　重点用能企业节能减排管理

一、吉林化纤

吉林化纤集团有限责任公司（简称吉林化纤）是一个集化纤生产、商业贸易、建筑安装等于一体的大型综合性集团公司。主导产品有450多种，分为粘胶短纤维、粘胶长丝、化纤浆粕、腈纶纤维、纱线和纸制品六大系列，产品质量位居同行业前列。现年综合生产能力44.6万吨，产品热销海内外。近年来，吉林化纤绿色发展意识逐渐增强，通过重点发展绿色产品、实施污染物“减量化”、发展循环经济等措施，将企业打造成为绿色环保型企业。

（一）重点发展绿色、环保型纤维

根据用户需求开展技术创新，研发生产染色性好、色牢度高、吸湿快干、抗静电性好、容易降解的原液着色粘胶纤维；强度高、耐日晒水洗、不褪色、耐摩擦的原液染色腈纶纤维；色泽鲜艳、颜色牢固、无污染、无刺激的凝胶

染色腈纶纤维，整个生产工艺过程无染色废液排放，同时下游纺织企业摒弃了染色的传统纺织生产工艺，脱去了“污染行业”的帽子。

（二）实施污染物减量化

公司通过源头控制、循环利用、综合治理等多措并举推动清洁生产。一是在腈纶系统聚合工序中加装母液过滤系统，这在国内腈纶企业开创了先河，回收了母液聚合物，减少了污水中COD排放量，同时降低了能源消耗，创造效益可达180万元/年。二是实施循环流化床锅炉烟气脱硝改造，脱硝率达到30.5%，烟气排放达到国家排放要求，减少了大气污染物的排放。三是推动1万吨/年人造丝细旦化升级改造项目建设，加速传统产业升级提质，优化纺丝工艺，降低了传统粘胶长丝生产工艺水、电、气消耗水平，减少了对环境的负面影响。

（三）发展循环经济

一是实施污泥处理系统改造，利用公司粘胶生产装置废碱液代替部分消石灰和离子膜液碱，降低化学污泥和生化污泥产生量，节约消石灰和离子膜液碱的投入，实现了废物的“减量化、资源化、无害化”处理，同时提升了经济效益。二是实施行业及全国领先的废水处理、余热回收、废气处理工程，包括废水综合处理再利用、粘胶生产工艺废气处理和长丝系统余热回收再利用三大工程。

二、迈格钠磁

迈格钠磁动力股份有限公司（简称迈格钠磁）成立于2012年5月14日，位于辽宁省鞍山市，经营范围是磁技术的开发，磁产品设备制造、销售、安装及维护，电机系统节能改造，磁产品设备及其零部件、技术的进出口等。公司从开发推广绿色产品、提升制造过程清洁化水平、推进工厂基础设施绿色改进等方面着手，大力推进企业绿色化发展。

（一）开发和推广节能型绿色产品

公司以现代磁学的基本理论为基础，应用永磁材料所产生的磁力作用，实现力或者力矩（功率）无接触传递。企业注重科技成果的创新和转化，多项专利技术实现了产业化应用，相关节能型新产品系列不断丰富，市场覆盖航天、军工、海事、冶金、石油、石化、煤炭、电力、矿山等众多领域，适用于泵类、风机、抽油机、鼓风机、斗轮机、压缩机、制浆机、破碎机、皮带机等多种传动设备。同时，还制订了未来3年绿色节能型新产品的研发计划，明确了永磁涡流缓速器、永磁涡流制动和永磁电梯安全保护系统等三大研发方向。

（二）提升制造过程清洁化水平

迈格钠磁目前建有年产风冷型永磁涡流柔性传动装置600套的生产线2条，水冷型永磁涡流柔性传动装置400台套的生产线2条，为此配套了大量的高效、精密的机加工设备。在制造过程中实现了加工精度高、能耗低、余量少，根据项目的环评检测验收报告，每年因加工产生的金属废料不过几吨而已。部分机加工工艺采用水替代切削液，在实现高精度加工的同时，废水处理后全部实现循环利用，既从源头上减少了污染物的产生，又实现了水资源的节约利用；部分仍然使用切削液的工艺，对废切削液处理后进行循环利用，从源头减少了液体废物的排放；机加工设备产生的废润滑油，经处理后也进行部分再利用，每年废机油、废液压油的产生量不超过1吨。同时，在综合能耗水平不高的情况下，生产车间仍然采取各种节能措施降低能耗。

（三）推进工厂基础设施绿色改造

迈格纳磁遵守固定资产投资项目节能评估制度，遵守“三同时”制度，办理了土地使用的相关手续，工厂建筑满足国家和地方相关法律法规及标准的要求。工厂设计采用环保砖墙、保温板等地方建材，厂房内所用地面漆等装修材料符合国家和地方相关标准要求，建筑对资源的消耗较少、对环境的影响较小。厂区内绿色植物采用乡土植物，日常维护少，工厂积极采用太阳能热水器、安装低温热泵制冷取暖设施，生产过程中金属切割工艺用水注重循环利用，所用电表、水表等计量器具符合国家标准要求，车间和办公区都采用节能灯，采用分区照明和自动控制等措施。

三、哈电集团

哈尔滨电气集团公司（简称哈电集团）成立于国家“一五”期间，是我国最早组建的发电设备、舰船动力装置、电力驱动设备研究制造基地和成套设备出口基地，是中央管理的关系国家安全和国民经济命脉的国有重要骨干企业之一。集团近年来大力推进环境体系建设、建设低碳产业、维护生态环境，在积极履行环境保护责任方面成效显著。

（一）加强环境体系建设

一是哈电集团设有节能减排工作主管部门，负责节能减排工作的计划和监督，各所属企业也成立了以主要领导为负责人的节能减排工作组。集团环境管理制度不断完善，制定了《职业健康安全环保管理方案》《哈尔滨电气集团公司应急预案》《公司能源计划大纲》《环境管理运行控制程序》等规章制度，并定期组织了演练、评审。二是哈电集团在组织开展节能减排培训工作的同时，以“全国节能宣传周”和“全国低碳日”为契机，组织开展节能宣传活动，推动形成节能、低碳环保的生产生活方式。

（二）建设低碳产业

哈电集团积极应对气候变化，大力推进环保产业建设，为应对全球变暖作出积极贡献。一方面致力于先进工艺技术与装备应用、节能减排措施落实、高效清洁能源替代、二氧化碳排放基础研究与管理，淘汰落后产能，生产清洁能源装备。另一方面优化产品结构，积极开发高效清洁、节能环保的发电设备，大力发展水电、核电等清洁能源。同时，哈电集团集中采购项目招标文件详细列明了所购产品、材料的技术环保标准，规定优先选用具有能效标识、绿色节水认证和环境标识的产品，减少过度包装和一次性用品的使用。

（三）积极维护生态环境

哈电集团倡议并注重生态环境的绿化美化工作，积极改善职工生产和生活环境，建设生态园林式企业，按要求对每个新投资项目进行环境影响评估，并在建设中充分考虑对周边环境的影响，在项目建设完成后，对所在区域环境进行治理和恢复，为所在区域营造良好的生态、生活环境作出了应有的贡献。

（四）大力推进节能减排

2016 年，哈电集团推进信息化建设，通过使用 OA 办公系统等举措，提高了无纸化办公水平。哈电集团积极开展节能减排工作，推进了单位能耗水平的大幅度降低。2016 年工业用水量 1273128 吨，节约用水约 218578 吨，节约电能约 2890 度，危险废弃物无害化处置率 100%。为控制生产噪声、固体废弃物、渣尘等对周边环境的影响，公司通过加强管理、优化工艺布局、组织设备改造等多方面入手推动降尘、减噪，有效控制了生产噪声、粉尘等对附近居民生活的影响。

政 策 篇

第十四章　2017 年中国工业绿色发展政策环境

2017 年，我国工业围绕绿色制造核心工作，以创新、协调、绿色、开放、共享的发展理念为指导，工业绿色发展取得重要进展。但工业对资源环境造成的巨大压力尚未根本性转变，能源利用高效化、生产过程清洁化、资源利用综合化等问题依然有待改善，随着我国经济从高速增长阶段转向高质量发展阶段，绿色制造和工业绿色发展需要进一步推进，2017 年，围绕工业绿色发展，我国发布了一系列重要政策，有力推动了我国工业绿色发展和生态文明建设。

第一节　产业结构调整政策

2017 年，工业领域供给侧结构性改革政策效应进一步显现，淘汰落后产能工作开始转变工作方式，去产能工作进一步落实，高端产业占比进一步提高，产业结构调整政策效果明显。

一、淘汰落后产能

“十三五”淘汰落后产能工作形势发生变化：一是淘汰落后产能成为去产能的工作重点，淘汰落后产能工作成为为发展新产业和先进产业腾空间的重要手段。二是生态文明建设的力度增大，淘汰落后产能的标准和严格程度增大。三是市场化法治化淘汰落后产能成为淘汰落后产能的重要手段，要严格执行环保、能耗、质量、安全等相关法律和标准。2017 年，全年淘汰落后炼铁产能 677 万吨、炼钢产能 1096 万吨、电解铝产能 32 万吨、水泥熟料产能 559 万吨、平板玻璃产能 3340 万重量箱，关闭 30 万吨/年以下落后小煤矿

1500多处、涉及煤炭产能超过1亿吨，为化解钢铁、煤炭等行业产能过剩，促进节能减排发挥了重要作用。

2017年2月，工业和信息化部、国家发展和改革委员会、财政部等16个部委联合发布《关于利用综合标准依法依规推动落后产能退出的指导意见》，以指导新形势下淘汰落后产能工作的开展。《指导意见》强调，今后工作方式由主要依靠行政手段，向综合运用法律法规、经济手段和必要的行政手段转变；落后产能界定标准由主要依靠装备规模、工艺技术标准，向能耗、环保、质量、安全、技术等综合标准转变。《指导意见》在5个方面具有新特点：一是手段上更加突出依法淘汰。强化法律法规约束和强制性标准执行。二是工作方式从“十二五”期间主要以工艺技术、装备规模为标准，转向以能耗、环保、质量、安全、技术等多标准协同推进。三是监督上更加突出信息公开。四是约束机制上对未按期完成落后产能退出的企业，通过信息公布在土地供应、资金支持、税收管理、生产许可、安全许可、债券发行、融资授信、政府采购、公共工程建设项目投标等方面进行惩戒和信用约束。五是钢铁、煤炭、水泥、电解铝、平板玻璃等行业成为产能过剩和环境治理重点行业。

二、去产能工作

2017年12月，工业和信息化部发布《钢铁行业产能置换实施办法》和《水泥玻璃行业产能置换实施办法》，用以替代2015年制定发布的《部分产能严重过剩行业产能置换实施办法》（该办法有效期至2017年12月31日）。新《办法》对置换产能范围细化明确，将有利于增强地方对产能置换方案审核把关的操作性，有利于提高社会各界对产能置换工作监督的针对性，减量置换成为主流，并加大监督力度。新《办法》要求，无论建设项目属新建、改建、扩建还是“异地大修”等何种性质，只要建设内容涉及建设炼铁、炼钢冶炼设备，就须实施产能置换。用于置换产能须同时满足冶炼设备须在2016年国务院国资委、各省级政府上报国务院备案去产能实施方案的钢铁行业冶炼设备清单内，不在该范围的冶炼设备一律不得用于置换。而列入钢铁去产能任务的产能、享受奖补资金和政策支持的退出产能、“地条钢”产能、落后产能、在确认置换前已拆除主体设备的产能、铸造等非钢铁行业冶炼设备产能等6类产能不得置换。

对于水泥产能，新《办法》规定，除西藏地区继续执行等量置换外，其他地区的水泥熟料项目全面实施减量置换。此外，位于国家规定的环境敏感区内的建设项目，每建设1吨产能须关停退出1.5吨产能；位于非环境敏感区内的建设项目，每建设1吨产能须关停退出1.25吨产能。平板玻璃项目则延续原《办法》的置换比例，位于国家规定的环境敏感区的建设项目，需置换淘汰的产能数量按不低于建设项目的1.25倍予以核定，其他地区实施等量置换。此外，跨省区置换不突破区域产能总量，钢铁行业近两年去产能成效明显，但阶段性、结构性矛盾仍然存在，尤其是区域产能总量与环境容量、承载力不平衡的矛盾越发突出。国务院也已对天津、河北、山东三省市提出了钢铁产能总量控制目标，有关地区可通过去产能和跨省区置换两条途径，实现区域总量的控制目标。为避免影响区域总量控制目标的完成，新《办法》提出，未完成钢铁产能总量控制目标的省（区、市），不得接受其他地区出让的产能。对于已完成区域总量控制目标的地区，在承接其他地区出让产能时，要坚决守住不突破区域产能总量控制目标的底线。

三、培育战略性新兴产业

2017年，一系列利好政策的出台吸引了大量社会资金投向战略性新兴产业热点领域，释放了创新创业活力，促进了产业结构优化。2016年底，国家发布《“十三五”国家战略性新兴产业发展规划》，标志着我国新兴产业新一轮发展浪潮即将来临。2017年1月，国家发布《战略性新兴产业重点产品和服务指导目录（2016版）》，涉及战略性新兴产业五大领域，8个产业，40个重点大方向，174个子方向，近4000项细分产品和服务。2017年7月，国家发布《关于提高主要光伏产品技术指标并加强监管工作的通知》，提出在2015年标准的基础上适当提高光伏“领跑者”技术指标。2017年8月，工业和信息化部发布《乘用车企业平均燃料消耗量与新能源汽车积分并行管理办法》，以规范和加强乘用车企业平均燃料消耗量与新能源汽车积分管理，有利于加快我国节能与新能源汽车产业的发展，促进汽车产业转型升级、推动绿色发展、培育新的经济增长点。

第二节　绿色发展技术政策

一、建设完善绿色标准体系

绿色发展离不开标准化管理，绿色标准是保障我国实现绿色发展的重要基础制度，是化解产能过剩、开展节能减排、提升经济质量效益、推动绿色低碳循环发展、建设生态文明的重要支撑。

（一）节能标准体系建设

2017年1月，国家发布《节能标准体系建设方案》，方案从总体要求、优化标准体系建设、健全管理机制、夯实节能标准化基础等六个方面做了具体翔实的安排，提出到2020年，主要高耗能行业和终端用能产品实现节能标准全覆盖，80%以上的能效指标达到国际先进水平，节能标准国际化水平明显提升。“十二五”以来，我国已发布实施强制性能效标准73项、强制性能耗限额标准104项、推荐性节能国家标准150余项，启动了两期“百项能效标准推进工程”，共批准发布了206项能效、能耗限额和节能基础标准。对化解产能过剩、优化产业结构、实现节能目标发挥了重要作用。

2016年6月，工业和信息化部印发《工业和通信业节能与综合利用领域标准制修订管理实施细则（暂行）》，对化工、石化、黑色冶金、有色金属、黄金、建材、稀土、机械、汽车、船舶、航空、轻工、纺织、包装、航天、兵器、核工业、电子、通信等行业节能与综合利用领域国家标准和行业标准的制修订管理进行了详细规定。

（二）单位产品能耗限额标准

2017年，我国发布并实施机械、水泥、发电、冶金等多个行业的单位产品能耗及能耗限额标准15项（见表14－1）。

表 14－1　2017 年发布的单位产品能耗限额标准

序号	标准编号	标准名称
1	GB/T 35382—2017	塑料中空成型机能耗检测方法
2	GB/T 34913—2017	民用建筑能耗分类及表示方法
3	GB/T 34617—2017	城镇供热系统能耗计算方法
4	GB/T 33934—2017	锤式破碎机 能耗指标
5	GB/T 33937—2017	硬岩反击式破碎机 能耗指标
6	GB/T 33653—2017	油田生产系统能耗测试和计算方法
7	GB/T 33580—2017	橡胶塑料挤出机能耗检测方法
8	GB/T 33754—2017	气田生产系统能耗测试和计算方法
9	GB/T 33652—2017	水泥制造能耗测试技术规程
10	GB 35574—2017	热电联产单位产品能源消耗限额
11	GB 21341—2017	铁合金单位产品能源消耗限额
12	GB 21370—2017	碳素单位产品能源消耗限额
13	GB 21258—2017	常规燃煤发电机组单位产品能源消耗限额
14	GB 33654—2017	建筑石膏单位产品能源消耗限额
15	GB 25327—2017	氧化铝单位产品能源消耗限额

资料来源：国家标准化委员会，2018 年 1 月。

（三）终端用能产品能效标准

2017 年，发布家用电机、高炉、转炉、微波炉、电饭锅等 18 项工业产品能效限定值和能效等级标准（见表 14－2）。

表 14－2　2017 年终端用能产品能效限定值和能效等级标准

序号	标准编号	标准名称
1	GB/T 35115—2017	工业自动化能效
2	GB/T 34867. 1—2017	电动机系统节能量测量和验证方法第 1 部分：电动机现场能效测试方法
3	GB/T 34195—2017	烧结工序能效评估导则
4	GB/T 34196—2017	链箅机—回转窑球团工序能效评估导则
5	GB/T 34192—2017	焦化工序能效评估导则
6	GB/T 34193—2017	高炉工序能效评估导则
7	GB/T 34194—2017	转炉工序能效评估导则

续表

序号	标准编号	标准名称
8	GB/T 33861—2017	高低温试验箱能效测试方法
9	GB/T 33873—2017	热老化试验箱能效测试方法
10	GB/T 33973—2017	钢铁企业原料场能效评估导则
11	GB 24849—2017	家用和类似用途微波炉能效限定值及能效等级
12	GB 12021. 6—2017	电饭锅能效限定值及能效等级

资料来源：国家标准化委员会，2018 年 1 月。

（四）绿色制造标准体系

2017 年 5 月，工业和信息化部发布《工业节能与绿色标准化行动计划（2017—2019 年）》，提出到 2020 年，在单位产品能耗水耗限额、产品能效水效、节能节水评价、再生资源利用、绿色制造等领域制修订 300 项重点标准，基本建立工业节能与绿色标准体系；强化标准实施监督，完善节能监察、对标达标、阶梯电价政策；加强基础能力建设，组织工业节能管理人员和节能监察人员贯标培训 2000 人次；培育一批节能与绿色标准化支撑机构和评价机构。为实现这一目标，安排三大工作任务：一是通过制定一批工业节能与绿色标准，修订更新一批工业节能与绿色标准，加强工业节能与绿色标准制修订工作。二是通过加大强制性节能标准贯彻实施力度，开展工业企业能效水平对标达标活动，强化工业节能与绿色标准实施。三是通过构建标准化工作平台，加强标准宣贯培训，培育标准化支撑机构和评价机构，提升工业节能与绿色标准基础能力。

2017 年 6 月，国家标准化委员会正式发布《绿色制造制造企业绿色供应链管理导则》（GB/T33635—2017），这是我国首次制定并发布绿色供应链相关标准，标准规定了制造企业绿色供应链管理范围和总体要求，明确了制造企业产品设计、材料选用、生产、采购、回收利用、废弃物无害化处置等全生命周期过程及供应链上下游供应商、物流商、回收利用等企业有关产品/物料的绿色性管理要求。截至 2017 年，我国在绿色产品设计方面已经先后发布 30 项标准，其中国家标准 3 项，团体标准 27 项，涉及家用洗涤剂、可降解塑料、杀虫剂、房间空气调节器等产品（见表 14 –3）。

表 14－3 绿色产品设计标准清单

序号	标准编号	标准名称
1	GB/T 32163. 1—2015	生态设计产品评价规范第 1 部分：家用洗涤剂
2	GB/T 32163. 2—2015	生态设计产品评价规范第 2 部分：可降解塑料
3	GB/T 32163. 3—2015	生态设计产品评价规范第 3 部分：杀虫剂
4	T/CAGP 0001—2016 T/CAB 0001—2016	绿色设计产品评价技术规范 房间空气调节器
5	T/CAGP 0002—2016 T/CAB 0002—2016	绿色设计产品评价技术规范 电动洗衣机
6	T/CAGP 0003—2016 T/CAB 0003—2016	绿色设计产品评价技术规范 家用电冰箱
7	T/CAGP 0004—2016 T/CAB 0004—2016	绿色设计产品评价技术规范 吸油烟机
8	T/CAGP 0005—2016 T/CAB 0005—2016	绿色设计产品评价技术规范 家用电磁灶
9	T/CAGP 0006—2016 T/CAB 0006—2016	绿色设计产品评价技术规范 电饭锅
10	T/CAGP 0007—2016 T/CAB 0007—2016	绿色设计产品评价技术规范 储水式电热水器
11	T/CAGP 0008—2016 T/CAB 0008—2016	绿色设计产品评价技术规范 空气净化器
12	T/CAGP 0009—2016 T/CAB 0009—2016	绿色设计产品评价技术规范 纯净水处理器
13	T/CAGP 0010—2016 T/CAB 0010—2016	绿色设计产品评价技术规范 卫生陶瓷
14	T/CAGP 0017—2017 T/CAB 0017—2017	绿色设计产品评价技术规范 商用电磁灶
15	T/CAGP 0018—2017 T/CAB 0018—2017	绿色设计产品评价技术规范 商用厨房冰箱
16	T/CAGP 0019—2017 T/CAB 0019—2017	绿色设计产品评价技术规范 商用电热开水器
17	T/CAGP 0020—2017 T/CAB 0020—2017	绿色设计产品评价技术规范 生活用纸

续表

序号	标准编号	标准名称
18	T/CAGP 0021—2017 T/CAB 0021—2017	绿色设计产品评价技术规范 智能坐便器
19	T/CAGP 0022—2017 T/CAB 0022—2017	绿色设计产品评价技术规范 铅酸蓄电池
20	T/CAGP 0023—2017 T/CAB 0023—2017	绿色设计产品评价技术规范 标牌
21	T/CAGP 0024—2017 T/CAB 0024—2017	绿色设计产品评价技术规范 丝绸（蚕丝）制品
22	T/CAGP 0025—2017 T/CAB 0025—2017	绿色设计产品评价技术规范 羊绒针织制品
23	YDB 192—2017	绿色设计产品评价技术规范 光网络终端
24	YDB 193—2017	绿色设计产品评价技术规范 以太网交换机
25	T/CEEIA 275—2017	绿色设计产品评价技术规范 电水壶
26	T/CEEIA 276—2017	绿色设计产品评价技术规范 扫地机器人
27	T/CEEIA 277—2017	绿色设计产品评价技术规范 新风系统
28	T/CEEIA 278—2017	绿色设计产品评价技术规范 智能马桶盖
29	T/CEEIA 279—2017	绿色设计产品评价技术规范 室内加热器
30	T/CPCIF 0001—2017	绿色设计产品评价技术规范 水性建筑涂料

资料来源：工业和信息化部，2018 年 1 月。

二、推广重点节能减排技术

（一）国家发展改革委发布的重点节能低碳技术推广目录

2017 年 3 月，国家发展改革委发布《国家重点节能低碳技术推广目录（2017 年本低碳部分）》，其中涵盖非化石能源、燃料及原材料替代、工艺过程等非二氧化碳减排、碳捕集利用与封存、碳汇等领域共 27 项国家重点推广的低碳技术。我国“十三五”期间国家重点节能减排技术目录发布情况见表 14－4。

表 14－4 “十三五”期间国家改革委发布的国家重点节能技术推广目录

批次	发布时间	行业类型	数量
2015 年本，节能部分	2016 年 1 月	煤炭、电力、钢铁、有色金属、石油石化、化工、建材、机械、轻工、纺织、建筑、交通、通信	266 项
2016 年本，节能部分	2017 年 1 月	煤炭、电力、钢铁、有色金属、石油石化、化工、建材、机械、轻工、纺织、建筑、交通、通信	296 项
2017 年本，低碳部分	2017 年 4 月	非化石能源、燃料及原材料替代、工艺过程等非二氧化碳减排、碳捕集利用与封存、碳汇	27 项

资料来源：国家发改委，2018 年 1 月。

（二）工业和信息化部发布的国家工业节能环保技术装备目录

2017 年 10 月，工业和信息化部对《国家工业节能技术装备推荐目录（2017）》进行公示，包括了重点行业节能改造技术、装备系统节能技术、煤炭高新清洁利用及其他节能技术；工业节能装备部分包括了工业锅炉、变压器、电动机、泵、压缩机等 39 项工业节能技术、119 项工业节能装备。

2017 年 11 月，工业和信息化部发布《“能效之星”产品目录（2017）》，目录涵盖了消费品类产品和工业装备产品共 80 项，其中电动洗衣机、热水器、液晶电视、房间空气调节器、家用电冰箱等 5 大类 11 种类型 55 个型号的消费类产品，电动洗衣机 2 个型号产品，热水器 18 个型号产品，液晶电视 12 个型号产品，房间空气调节器 1 个型号产品，家用电冰箱 13 个型号产品，变压器 14 个型号产品，电机 4 个型号产品，工业锅炉 5 个型号产品，电焊机 3 个型号产品，压缩机 6 个型号产品，塑料机械 2 个型号产品，风机 3 个型号产品，泵 3 个型号产品。

2017 年 10 月，工业和信息化部发布《国家工业资源综合利用先进适用技术装备目录》，公布了包括工业固废综合利用技术装备 36 项，再生资源回收利用先进适用技术装备 36 项。2017 年 12 月，工业和信息化部、科技部联合发布《国家鼓励发展的重大环保技术装备目录（2017 年版）》，包括研发类（27 项）、应用类（42 项）和推广类（77 项），涉及大气污染防治、水污染防治等环保技术共 146 项。

三、两化融合

2017年8月，工业和信息化部发布《关于征集第二批绿色数据中心先进适用技术产品的通知》，拟在提升数据中心能源使用效率、降低碳排放和水资源消耗、控制有毒有害物质使用、利用可再生能源、分布式供能和微电网、废弃设备及电池回收利用等领域征集先进适用技术和产品。2017年12月，工业和信息化部、国家机关事务管理局、国家能源局联合发布《国家绿色数据中心名单（第一批）》公示名单，名单包括49家数据中心。

第三节　绿色发展经济政策

一、财政税收政策

2017年5月，工业和信息化部办公厅、财政部办公厅联合发出《关于发布〈2017年工业转型升级（中国制造2025）资金工作指南〉的通知》，重点支持机械、电子、化工、食品、纺织、家电、大型成套装备等行业开展绿色设计平台建设、绿色关键工艺突破、绿色供应链系统构建等绿色制造系统集成工作，以实现制造业绿色化发展。

2017年12月，国家发布《环境保护税法实施条例》，规定了环境保护征税对象、计税依据、税收减免及税收征管，明确了《环境保护税税目税额表》所称其他固体废物的具体范围依照《环境保护税法》第六条第二款规定的程序确定，即由省、自治区、直辖市人民政府提出，报同级人大常委会决定，并报全国人大常委会和国务院备案。《实施条例》还明确了“依法设立的城乡污水集中处理场所”的范围，明确了规模化养殖缴纳环境保护税的相关问题。《实施条例》明确了有关计税依据的两个问题：一是考虑到在符合国家和地方环境保护标准的设施、场所贮存或者处置固体废物不属于直接向环境排放污染物，不缴纳环境保护税，对依法综合利用固体废物暂予免征环境保护税，为体现对纳税人治污减排的激励，《实施条例》规定固体废物的排放量为当期应税固体废物的产生量减去当期应税固体废物的贮存量、处置量、综合利用量的余额。《实施条例》规定，纳税人有非法倾倒应税固体废物，未依法安装使用污染物自动监测设备或者未将污染物自动监测设备与环境保护主管部门的监控设备联网，损毁或者擅自移动、改变污染物自动监测设备，篡改、伪造污染物监测数据以及进行虚假纳税申报等情形的，以其当期应税污染物的产生量作为污染物的排放量。《环境保护税法》第十三条规定，纳税人排放应税大气污染物或者水污染物的浓度值低于排放标准30%的，减按75%征收环境保护税。低于排放标准50%的，减按50%征收环境保护税。为便于实际操作，《实施条例》明确了上述规定中应税大气污染物、水污染物浓度值的计算方法。

二、价格政策

2017年1月，国家发布《关于运用价格手段促进钢铁行业供给侧结构性改革有关事项的通知》，《通知》决定运用价格手段促进钢铁行业供给侧结构性改革，实行更加严格的差别电价政策，对钢铁行业淘汰类加价标准由每千瓦时0.3元提高至0.5元，限制类加价标准为每千瓦时0.1元。对未按期完成化解过剩产能实施方案中化解任务的钢铁企业，其生产用电加价标准执行淘汰类电价加价标准，即每千瓦时加价0.5元。对除执行差别电价以外的钢铁企业，实行基于粗钢生产主要工序单位产品能耗水平的阶梯电价政策。

三、金融政策

2017年5月，工业和信息化部、国家开发银行联合发布《关于推荐2017年工业节能与绿色发展重点信贷项目的通知》，以“工业和信息化部组织推荐项目，国家开发银行独立审贷”为原则，对节能与绿色化改造、能源管理信息化、清洁生产、资源综合利用4个重点方向进行信贷支持。2017年6月，中国人民银行、银监会、证监会、保监会、国家标准委联合发布《金融业标准化体系建设发展规划（2016—2020年）》（银发〔2017〕115号），明确提出了“十三五”金融业标准化工作的指导思想、基本原则、发展目标、主要任务、重点工程和保障措施。2017年10月，中国人民银行、中国证券监督管理委员会联合发布《绿色债券评估认证行为指引（暂行）》，对绿债认证机构资质、认证流程、监督管理办法、认证结论表述等内容提出了具体要求。《指引》有利于推进我国绿色债券市场持续健康发展，2016 年，中国推动 G20 会议首次将绿色金融纳入核心议题，为绿色金融参与全球治理体系改革作出了重大贡献，在中国的倡导下，G20 会议设立绿色金融研究小组，由中国人民银行和英格兰央行共同主持。2015 年底以来，中国绿债市场迅猛增长，截至 2017 年末，我国已累计发行绿债近 4333. 7 亿元人民币，其中 2017 年新增发行规模为 2274. 3 亿元，同比增长 9. 4%，全球占比超过 30%，2016 年和 2017 年连续两年成为全球最大的绿债发行国。我国绿色债券市场的发展推动我国在绿色债券制度建设方面快速发展，2015 年 12 月，中国人民银行和国家发改委正式发文启动绿色债券市场，并同时发布了绿色债券支持项目目录。2016 年 8 月，中国人民银行等七部委联合印发《关于构建绿色金融体系的指导意见》，其中明确提出发展绿色债券市场的相关要求。《指引》标志着我国在绿色金融体系顶层设计方面继续大步向前。

第十五章　2017 年中国工业节能减排重点政策解析

第一节　工业节能与绿色标准化行动计划（2017—2019 年）

一、发布背景

为了贯彻落实《中国制造 2025》，加快实施《工业绿色发展规划（2016—2020 年）》和《工业绿色制造工程实施指南（2016—2020 年）》，工业和信息化部制定发布了《工业节能与绿色标准化行动计划（2017—2019 年）》（以下简称《计划》），引领工业领域节能与绿色标准进一步规范，促进工业企业能效提升和绿色发展。《计划》明确部署了工业节能与绿色标准化工作的总体要求、目标、重点任务和保障措施。其中七大重点任务包括：制定一批工业节能与绿色标准、修订更新一批工业节能与绿色标准、加大强制性节能标准贯彻实施力度、开展工业企业能效水平对标达标活动、构建标准化工作平台、加强标准宣贯培训、培育标准化支撑机构和评价机构。

二、政策要点

（一）《工业节能与绿色标准化行动计划》的总体思路和原则

工业节能与绿色标准化的总体思路是：全面贯彻新发展理念，落实《中国制造 2025》，加快推进绿色制造，紧紧围绕工业节能与绿色发展的需要，按照国务院标准化工作改革的要求，充分发挥行业主管部门在标准制定、实施和监督中的作用，强化工业节能与绿色标准制修订，扩大标准覆盖面，加大标准实施监督和能力建设，健全工业节能与绿色标准化工作体系，切实发挥标准对工业节能与绿色发展的支撑和引领作用。

工业节能与绿色标准化工作包括三项基本原则：一是坚持问题导向。按照工业绿色转型发展的规划和要求，针对工业节能与绿色发展面临的新问题，聚焦重点工作，加快单位产品能耗水耗限额、产品能效水效、运行测试、监督管理、绿色制造相关标准的制定、实施和监督。二是坚持统筹推进。加强顶层设计，在协调各类标准需求的基础上，统筹推进国家标准、行业标准、地方标准、团体标准和企业标准制修订，构建定位明确、分工合理的工业节能与绿色标准体系。三是坚持协同实施。落实工业节能与绿色标准制定、实施和监督工作的主体责任，充分发挥行业主管部门、节能监察机构、行业协会、社会组织、第三方机构、重点企业的积极性，形成工作合力，共同推进工业节能与绿色标准化工作。

（二）《工业节能与绿色标准化行动计划》的工作目标

《计划》提出：到2020年，制修订300项工业节能与绿色重点标准，并建立标准体系，标准涉及单位产品能耗水耗限额、产品能效水效、节能节水评价、再生资源利用、绿色制造等领域。通过完善节能监察、对标达标、阶梯电价政策，进一步强化标准实施监督。提升标准化工作的基础能力，针对工业节能管理人员和节能监察人员，开展2000人次的贯标培训，同时培育一批标准化支撑和评价机构。

（三）《工业节能与绿色标准化行动计划》的重点任务

工业节能与绿色标准化工作的重点任务包括三大方面，七项具体任务。一是围绕工业节能与绿色发展、构建绿色制造体系，聚焦新形势和新任务，制定一批工业节能与绿色标准。二是围绕重点行业和重点用能设备，对落后的工业节能与绿色标准进行修订更新，包括对标龄超过三年、无法体现能效进步、不能适应工业绿色发展新要求的现有标准。三是依法监督重点企业贯彻执行强制性节能标准，实施标准执行与价格政策联动的机制。四是开展工业企业能效水平对标达标活动，提升行业整体水平。五是搭建标准化工作平台，促进多部门沟通协调与技术交流。六是针对重点行业，对能源管理相关人员开展工业节能与绿色标准宣贯培训。七是培育一批标准制定的专业机构，以及一批工业节能与绿色发展评价机构，支撑标准化工作有效推进。

三、政策解析

（一）《实施工业节能与绿色标准化行动计划》的重要意义

近年来，工业和信息化部会同国家质检总局等部门先后发布了《工业和通信业节能与综合利用领域技术标准体系》（工信厅节〔2014〕149号）、《绿色制造标准体系建设指南》（工信部联节〔2016〕304号）、《装备制造业标准化和质量提升规划》（国质检标联〔2016〕396号）。标准的制定、宣贯和督查力度不断加大，完成了400多项工业节能和绿色发展标准制修订，包括单位产品能耗限额、产品能效、水效、再生资源利用等；通过对重点用能行业开展能效对标达标活动，倒逼企业节能降耗、降本增效，引导市场公平竞争，促使工业能效和绿色发展水平不断提升。

虽然取得上述成绩，但面对工业领域对节能和绿色发展标准的旺盛需求，标准供给仍然不足。具体表现为标准覆盖面不够广泛、更新速度较慢、标准水平滞后、制定与实施结合不够紧密、实施机制不完善等问题。“十三五”时期是落实制造强国战略的关键时期，绿色制造是重要内容，实施好《工业节能与绿色标准化行动计划》，有利于充分发挥标准的引领作用，全面推进绿色制造，有效促进工业绿色、高质量发展。

（二）《工业节能与绿色标准化行动计划》重点任务解析

1. 制定一批工业节能与绿色标准

工业节能与绿色标准的制定，主要在三方面开展工作：一是针对钢铁、建材、有色金属、机械等重点行业，制定节能节水设计、能耗计算、运行测试、节能评价、能效水效评估、节能监察规范、再生资源利用等方面的标准，作为能效贯标、节能监察、能源审计等工作的依据。二是针对终端用能产品，制定能效水效、工业节能节水设计与优化、分布式能源、余热余压回收利用、绿色数据中心等方面的标准，以促进节能与绿色新技术、新产品的推广应用。三是加快推进绿色工厂、绿色园区、绿色产品、绿色供应链相关标准制定，指导绿色制造体系建设。

2. 修订更新一批工业节能与绿色标准

工业节能与绿色标准的修订更新包括三方面：一是修订更新单位产品能耗限额标准。重点围绕钢铁、建材、石油化工、有色金属和轻工等行业进行，能耗限额标准将全面覆盖高耗能行业，标准水平将不断滚动更新，“领跑者”指标也将逐渐纳入到能耗标准中来。二是制修订产品设备能效标准。钢铁、机械、电子、有色金属、轻工、航天等行业是实施重点，通过指标先进性，引领用能设备升级。三是制修订能源管理相关标准，完善标准体系，推动工业企业能源管理水平提升。

3. 加大强制性节能标准贯彻实施力度

强制性节能标准的贯彻实施，是落实能源计量统计制度，淘汰落后工艺和用能设备产品，提高工业领域整体能效水平的基础保障。《计划》提出，要依法加大对工业节能的监察力度，督促重点企业贯彻执行能耗限额标准、产品能效标准等强制性节能标准，对工业企业的用能行为进一步规范，同时，重点在钢铁、水泥、电解铝等行业实施阶梯电价政策，将电价与能耗限额标准挂钩，充分发挥价格机制的市场作用，促使企业节能降耗，降本增效。

4. 开展工业企业能效水平对标达标活动

开展能效水平对标达标活动，有利于先进企业发挥行业引领作用，落后企业找准改进方向并自我提升，进而促成行业能效水平整体提升。《计划》提出，能效水效对标达标活动，以钢铁、石油和化工、建材、有色金属等高耗能行业为重点组织开展。一是实施能效水效“领跑者”制度，公布标杆企业名单，发布先进指标和最佳实践案例，促进落后追赶先进。二是推动落后企业看齐先进水平，实施节能节水技术改造。三是继续遴选发布节能机电设备产品推荐目录，发布“能效之星”产品目录，为企业设备选型提供参考，不断提升高效节能设备产品应用比例。

5. 构建标准化工作平台

标准的制修订、宣贯与实施，涉及面广、参与主体多，需要多方共同努力，建立专门的工作平台，有利于高效沟通协调。《计划》提出，工业和信息化部将组织地方行业主管部门、节能监察机构、行业协会、社会组织、重点企业等有关部门，共同搭建工业节能与绿色标准化工作平台，利用平台优势，加强沟通协调与经验交流，统筹推进开展标准化工作。

6. 加强标准宣贯培训

提升工业和信息化主管部门、节能监察机构、重点企业的贯标意识和能力，是发挥节能与绿色标准作用的重要基础。《计划》提出，将以地方节能监察机构为主力进行节能与绿色标准培训，培训行业重点包括钢铁、石化、建材、有色金属、轻工、纺织、电子等，培训对象以节能管理人员、节能监察人员、企业能源管理负责人为主。培训教材将融入节能与绿色标准的更新情况，培训方式采用线下与线上相结合，现场培训与网络培训双管齐下。

7. 培育标准化支撑机构和评价机构

未来标准的制定，更多将由市场主体协调社会组织和产业技术联盟等共同完成，这是标准化工作改革的既定方向。为此，《计划》提出培育两种机构。一是标准化支撑机构，重点依托研究机构、行业组织、产业联盟等，形成一批能够加快发展团体标准和地方标准的专业机构。二是评价机构，培育一批能够开展工业节能与绿色发展评价的机构，专业、准确地把脉工业企业节能与绿色发展水平，为标准实施提供技术支持。

（三）实施《工业节能与绿色标准化行动计划》的政策措施

《计划》提出了三方面保障措施：一是加强标准化工作的政策支持，尤其对重点行业、重点领域，大力开展节能与绿色标准制修订工作；逐步建立市场化、多元化的投入机制，鼓励地方政府加大在节能与绿色标准化工作上的投入，引导社会组织、工业企业等积极参与标准化工作，优先利用绿色金融手段，支持企业对标，并实施技术改造。二是充分发挥地方政府、第三方机构的作用，重点结合长江经济带、京津冀等地区的实际需求，研究制定工业节能与绿色发展的地方标准和团体标准。强化部省联动，逐步将基础好、适应性强的地方标准、团体标准，上升为行业标准、国家标准。三是加强对工业节能标准化工作的宣传，引导企业依法用能、合理用能、节能贯标，逐步提升全社会的绿色发展意识。不断总结工业节能与绿色标准化工作经验，促进工作机制持续完善。

第二节　关于加强长江经济带工业绿色发展的指导意见

2017 年 6 月 30 日，工业和信息化部联合国家发展和改革委员会、科学技术部、财政部、环境保护部共同发布了《关于加强长江经济带工业绿色发展的指导意见》（工信部联节〔2017〕178 号，以下简称《指导意见》），这是我国第一个针对长江经济带工业绿色发展的指导性文件，旨在贯彻落实党中央、国务院关于发展长江经济带的重大战略部署，保护好长江流域的生态环境，进一步提高工业领域的能源资源利用效率，全面推进绿色制造体系建设，减少工业发展对生态环境的影响，最终实现绿色增长。

一、发布背景

长江经济带横跨我国东中西三大区域，覆盖上海、浙江、江苏、江西、安徽、湖北、湖南、重庆、四川、云南、贵州 11 个省市，地域面积约 205 万平方公里，人口占全国的比重接近 43%，地区生产总值占全国的 44%，经济增速持续高于全国平均水平，经济辐射范围广、带动作用强，是全球重要的内河经济带，在我国发展大局中具有举足轻重的战略地位。《中共中央关于制定国民经济和社会发展第十三个五年规划的建议》中明确提出加快推进长江经济带发展的要求，为此，国务院制定和发布了《关于依托黄金水道推动长江经济带发展的指导意见》（国发〔2014〕39 号）。

2016 年 1 月，习近平总书记在重庆听取国务院有关部门和有关省市对推动长江经济带发展的意见和建议时指出，长江是中华民族的母亲河，也是中华民族发展的重要支撑。推动长江经济带发展必须从中华民族长远利益考虑，要把修复长江生态环境摆在压倒性位置，共抓大保护，不搞大开发，走生态优先、绿色发展之路。国务院制定和发布的《长江经济带发展规划纲要》中明确要求，要围绕“生态优先、绿色发展”的基本思路，推动长江经济带形成“一轴、两翼、三极、多点”的发展新格局，《规划纲要》是推动长江经济带发展重大国家战略的纲领性文件，是当前和今后一个时期指导长江经济带发展工作的基本遵循。

长江经济带工业企业密集，部分企业清洁生产水平不高，环境风险点多，产业结构和布局不合理造成累积性、叠加性和潜在性的生态环境问题突出，成为制约长江经济带健康和持续发展的主要瓶颈。为贯彻落实党中央、国务院关于长江经济带发展的战略部署，保护好长江经济带生态环境，从生产源头防治污染，提高工业绿色发展水平，破解生态环境约束，实现经济绿色增长，工业和信息化部等五部委共同制定和发布了《指导意见》。

二、政策要点

（一）长江经济带工业绿色发展的思路和目标

根据《指导意见》，长江经济带工业绿色发展的总体思路是：深入贯彻党中央、国务院关于长江经济带发展的战略部署，按照习近平总书记提出的"共抓大保护，不搞大开发"的要求，坚持生态优先、绿色发展，全面实施《中国制造2025》，扎实推进《工业绿色发展规划》，紧紧围绕改善区域生态环境质量要求，以企业为主体，落实地方政府责任，加强工业布局优化和结构调整，执行最严格环保、水耗、能耗、安全、质量等标准，强化技术创新和政策支持，加快传统制造业绿色化改造升级，不断提高资源能源利用效率和清洁生产水平，引领长江经济带工业绿色发展。

根据《指导意见》，长江经济带工业绿色发展的目标是：到2020年，长江经济带绿色制造水平明显提升，产业结构和布局更加合理，传统制造业能耗、水耗、污染物排放强度显著下降，清洁生产水平进一步提高，绿色制造体系初步建立。与2015年相比，规模以上企业单位工业增加值能耗下降18%，重点行业主要污染物排放强度下降20%，单位工业增加值用水量下降25%，重点行业水循环利用率明显提升。全面完成长江经济带危险化学品重点搬迁改造项目。一批关键共性绿色制造技术实现产业化应用，打造和培育500家绿色示范工厂、50家绿色示范园区，推广5000种以上绿色产品，绿色制造产业产值达到5万亿元。

（二）推动长江经济带工业绿色发展的主要措施

《指导意见》围绕长江经济带工业的布局、产业结构、传统产业技术改造、污染防治等影响绿色发展的核心问题，提出了具体的任务和政策措施。

一是调整产业结构。推动长江经济带工业发展从中高速增长迈向产业价值链的中高端，关键取决于产业结构调整的进度和成效。为此，《指导意见》从加快重化工企业技术改造、依法依规淘汰落后和化解过剩产能、发展壮大节能环保产业、大力发展智能制造和服务型制造等方面提出解决方案。

二是优化工业布局。针对长江经济带产业布局现状和存在的问题，《指导意见》从完善工业布局规划、规范工业集约集聚发展、引导跨区域产业转移、改造提升工业园区、严控跨区域转移项目等五方面提出优化工业布局的措施。

三是加强工业节水和污染防治。长江经济带分布着大量的高耗水行业，水资源消耗量及污染物排放量较大。针对这种情况，《指导意见》提出通过推进工业水循环利用、提高工业用水效率、加强重点污染物防治等方式，推进工业节水和污染防治。

四是推进传统制造业绿色化改造。传统制造业升级改造对于工业绿色发展起着重要作用。《指导意见》提出要立足长江经济带传统产业发展现状，大力推进清洁生产，实施能效提升计划，加强资源综合利用，加快推进开展绿色制造体系建设。

三、政策解析

（一）以指南的形式指导产业布局和产业结构优化

产业转移是优化区域生产力布局、形成合理产业分工体系的有效途径，是推进产业结构调整、加快经济发展方式转变的重要措施。当前，国际国内产业分工深刻调整，我国东部沿海地区产业向中西部地区转移步伐加快。长江经济带横跨东中西、连接南北方，具有强烈的产业转移内生动力。加强对长江经济带产业转移的引导和协调，推动产业集群发展和区域协调发展，有助于促进生产要素跨区域合理流动和优化配置，实现上中下游产业良性互动。为此，《指导意见》附件中的《长江经济带产业转移指南》意义十分重大，对长江经济带产业转移作出总体引导，提出依托国家级、省级开发区，有序建设沿江产业发展轴、合理开发沿海产业发展带、重点打造五大城市群产业发展圈、大力培育五大世界级产业集群，形成空间布局合理、区域分工协作、优势互补的产业发展新格局。

（二）以危险化学品企业搬迁改造工程为重要抓手

党的十八届五中全会提出，“十三五”时期要实施危险化学品和化工企业生产、仓储安全、环保搬迁工程，坚决遏制重特大安全事故频发势头。为此，国务院及有关部门密集出台了一系列相关政策措施，主要包括《国务院办公厅关于印发危险化学品安全综合治理方案的通知》（国办发〔2016〕88号）、《国务院办公厅关于推进城镇人口密集区危险化学品生产企业搬迁改造的指导意见》（国办发〔2017〕77号）、《工业和信息化部印发促进化工园区规范发展指导意见》（工信部原〔2015〕433号）、《国家发展改革委工业和信息化部关于促进石化产业绿色发展的指导意见》（发改产业〔2017〕2105号）等。长江经济带分布着大量危险化学品企业，环境风险点多。通过危险化学品企业搬迁，减少产业发展存在的隐患。为此，《指导意见》在危险化学品企业搬迁改造方面提出了明确的要求，即：到2020年，完成47个危险化学品搬迁改造重点项目，并以附件列出了这些项目的相关情况，加快推进项目实施。

（三）明确了推动长江经济带工业绿色发展的保障措施

保障措施共包括以下五个方面：

一是加强组织领导。为形成工作合力，加快长江经济带绿色制造步伐，《指导意见》提出各级工业和信息化、发展改革、科技、财政、环境保护等主管部门要充分认识工业绿色发展的重大意义，加强组织领导，以企业为主体，落实地方政府责任，充分发挥行业协会、产业联盟等的桥梁纽带作用，切实推动工业绿色发展各项工作的实施。

二是强化标准和技术支撑。为调整产业结构和推动传统产业转型升级，发挥标准引领、规范和带动作用，《指导意见》明确提出发挥环境质量、污染物排放，以及绿色产品、绿色工厂、绿色园区、绿色供应链和绿色评价及服务等标准的引领作用，鼓励各地出台最严格的绿色发展标准。考虑到技术创新在推动产业转型升级中所起的重要作用，《指导意见》明确提出要加大急需技术装备和产品的创新，推动先进成熟技术的产业化应用和推广，支撑长江经济带工业绿色发展。

三是落实支持政策。发展壮大节能环保产业，以及推进传统制造业绿色化改造升级，都需要相应的政策支持。为此，《指导意见》明确提出充分利用现有资金渠道，进一步向长江经济带工业绿色发展、水污染防治等项目倾斜，支持符合条件的企业实施清洁生产技术改造、节水治污、能源利用效率提升、资源综合利用等。落实现有税收、绿色信贷、绿色采购、土地等优惠政策，加快支持企业绿色转型，提质增效。同时，提出鼓励长江经济带建立地区间、上下游间生态补偿机制，推动上中下游开发地区和生态保护地区进行横向生态补偿，探索区域污染治理新模式。

四是加强人才培养和国际交流合作。基于人才培养和国际合作在推动长江经济带工业绿色发展过程中的重要支撑作用，《指导意见》明确提出组织实施绿色制造人才培养计划，加大专业技术人才、经营管理人才的培养力度，完善从研发、转化、生产到管理的人才培养体系。同时强调，依托长江经济带的产业和区位优势，加强国际合作与交流，鼓励采用境外投资、工程承包、技术合作、装备出口等方式，推动绿色制造和绿色服务率先“走出去”。

五是加大宣传力度。为给长江经济带工业绿色发展营造良好的社会氛围，《指导意见》提出要加大绿色理念的传播力度，充分发挥媒体、教育培训机构、行业协会、产业联盟、绿色公益组织的作用，开展多层次、多形式的宣传教育活动，积极传播绿色理念，为长江经济带工业绿色发展营造良好社会氛围。

热 点 篇

第十六章　壮大三大产业

党的十九大报告明确提出，发展绿色金融，壮大节能环保产业、清洁生产产业、清洁能源产业。深入贯彻党的十九大精神，通过壮大三大产业培育发展新动能，推动绿色发展，补齐资源环境短板，为生态环境质量的改善提供重要支撑，从而推进生态文明和美丽中国建设。

节能环保产业、清洁生产产业、清洁能源产业的主体在工业领域，是绿色制造产业的重要组成部分。壮大节能环保产业、清洁生产产业、清洁能源产业，能够带动绿色产品、绿色工厂、绿色园区和绿色供应链全面发展，形成绿色发展长效机制，推动建立健全绿色低碳循环发展的经济体系

第一节　节能环保产业

一、节能环保产业基本情况

节能环保产业即为节约能源资源、保护生态环境、发展循环经济提供物质基础和技术保障的产业，一般认为节能环保产业主要包括节能技术装备生产和研发、环保技术装备生产和研发、资源循环利用技术装备生产和研发、节能环保服务等四部分内容，产业链长，关联度大，吸纳就业能力强，对经济增长拉动作用明显。

近年来，在国家一系列政策支持下，我国节能环保产业发展取得显著成效，产业规模不断扩大。2016 年节能环保产业总产值达到 51000 亿元，从业人数超过 3000 万。技术装备水平得到了显著提升，如燃煤机组超低排放、煤炭清洁高效加工及利用、再制造等技术取得重大突破，高效电机、燃煤锅炉、

膜生物反应器等装备技术水平已处于国际领先水平，生活污水处理、绿色照明、除尘脱硫、余热余压利用等装备供给能力世界一流。此外，节能环保服务业也保持良好增长势头，尤其是合同能源管理、环境污染第三方治理等市场化服务模式得到广泛应用，一批领先的生产制造型企业迅速向生产服务型企业转变，业务不断延伸。

二、壮大节能环保产业面临的主要问题

一是自主创新能力不足，高端节能环保技术装备供给能力不强。由于基础技术创新严重缺乏，部分节能环保关键设备和核心零部件受制于人，如垃圾渗滤液处理、高盐工业废水处理、海水淡化能量系统优化等难点技术有待突破。

二是行业准入门槛低，市场秩序不规范。从业企业参差不齐，企业之间恶性竞争问题突出，部分地区地方保护现象严重、市场竞争不充分，产品能效、水效虚标屡禁不止，部分落后低效技术装备对中高端产品形成市场挤压。

三是激励约束不够，制度体系不完善。节能环保相关技术标准和规范建设滞后，相关鼓励性的税收优惠政策有待进一步落实，尤其是中小企业融资难、融资贵问题突出，绿色消费缺乏有力引导。

三、对策建议

一是强化协同创新，加快突破关键共性技术。以行业龙头企业为依托，加强产业链上下游协同创新，推动形成一批创新联合体，攻克一批制约节能环保产业发展的关键核心技术装备，提高先进技术装备供给能力。

二是引导行业差异化有序发展。鼓励节能环保大型企业向系统设计、设备制造、工程施工、运营管理一体化的综合服务商发展，中小企业向产品专一化、研发精深化、服务特色化、业态新型化的“专精特新”方向发展，形成一批由龙头企业引领、中小企业配套的集聚区。

三是强化行业规范管理。按照节能环保产业细分领域，制定规范条件，并发布符合规范条件的企业名单，树立标杆企业，引导行业规范发展。鼓励节能环保装备企业制定一批行业标准、团体标准，加强行业经济运行监测，

引领技术装备产品标准化系列化发展。

第二节　清洁生产产业

一、清洁生产产业基本情况

发展清洁生产，既是人类生态文明演进的必然结果，也是经济增长和社会进步的重要推动力。20 世纪 70—80 年代，发达国家通过末端治理和产业转移，虽然环境质量有所改善，但并未根治工业污染。发达国家仍面临重金属等污染物在环境介质间的迁移转化、生物多样性锐减、非点源污染增多等诸多环境问题。在这种情况下，为加快工业生产方式转型升级，适应可持续发展的要求，发达国家转变环境治理模式，推行“清洁生产”，实行污染物“全程控制”和“源头削减”为主要内容的预防性环境政策。1989 年，联合国环境规划署（UNEP）制定了清洁生产计划，并致力于向全世界推行，主要发达国家也相继推出了“清洁生产”方案。

2003 年，《中华人民共和国清洁生产促进法》开始施行，根据该法第二条，“清洁生产是指不断采取改进设计、使用清洁的能源和原料、采用先进的工艺技术与设备、改善管理、综合利用等措施，从源头削减污染，提高资源利用效率，减少或者避免生产、服务和产品使用过程中污染物的产生和排放，以减轻或者消除对人类健康和环境的危害”。从本质上来说，清洁生产就是对生产过程与产品采取整体预防的环境策略，减少或者消除它们对人类及环境的可能危害，同时充分满足人类需要，使社会、经济和环境效益最大化的一种生产模式。发展清洁生产，既是人类生态文明演进的必然结果，也是经济增长和社会进步的重要推动力。

党的十九大报告提出加快生态文明体制改革，建设美丽中国，部署了推进绿色发展等四大任务，并首次提出“清洁生产产业”这一概念，表明党中央高度重视清洁生产对推动绿色发展、建设生态文明的重要作用，也希望清洁生产从“理念”形成实实在在的“产业”。据有关专家理解，狭义的清洁生产产业是指为推广、应用清洁生产理念和方式提供产品、工艺、技术和服务的产业；广义的清洁生产产业还包括通过实施清洁生产，绿色发展生产水平在行业内达到一定先进程度（如重点行业清洁生产评价指标体系中Ⅰ级水平）的绿色产业集合，这些产业是党的十九大提出的“建立健全绿色低碳循环发展的经济体系”的重要支撑。

工业领域是壮大清洁生产产业的主战场。近年来，工业和信息化部围绕重点污染物开展清洁生产技术改造，以源头削减污染物产生为切入点，组织实施清洁生产技术示范与推广，大力推进工业产品绿色设计，开展有毒有害原料（产品）替代，创新政策引导方式，加大政策支持力度，实现了工业清洁生产水平从点、线、面的多维度的提升，为清洁生产产业发展打下了良好的基础。

二、壮大清洁生产产业面临的主要问题

一是缺乏技术和资金支持。面对我国经济发展进入新常态等一系列深刻变化，传统行业发展速度放缓，技术革新的投资能力也在下降，导致一些企业实施清洁生产在技术和资金上承受双重压力，许多清洁生产改造项目被推迟或放弃，清洁生产产业发展空间受到挤压。

二是清洁生产服务能力薄弱。清洁生产从业机构业务水平良莠不齐，咨询服务市场管理机制不完善，存在无序、不良竞争和地方保护主义。主要业务还停留在辅导企业编制清洁生产审核报告的阶段，缺乏能够提供系统解决方案的综合服务商。

三是政策机制有待进一步健全完善。如清洁生产信息系统和技术咨询服务体系，清洁生产技术研发、成果转化和推广机制等有待健全。清洁生产市场化推行机制也有待完善。

三、对策建议

一是加强清洁生产技术研发和推广。加快传统产业清洁生产改造关键技术研发，结合国家科技重大工程、重大科技专项等，突破一批工业绿色转型核心关键技术，研制一批重大装备，支持传统产业技术改造升级。支持清洁

生产产业共性、核心技术研发，增加绿色科技成果的有效供给，引领清洁生产产业发展。

二是加大支持力度。利用技术改造、节能减排、绿色制造等资金渠道，支持企业实施清洁生产技术改造。积极利用绿色信贷、绿色债券、产业基金等手段加大对清洁生产产业的支持力度，引导社会资本积极投入清洁生产产业，建立健全市场化推行机制。

三是加快构建绿色制造体系，带动清洁生产产业发展壮大。积极推行绿色设计，鼓励开发绿色产品，建设绿色工厂，发展绿色园区，打造绿色供应链，加快建立以清洁生产为导向的设计、采购、生产、营销、物流及回收体系。

第三节　清洁能源产业

一、清洁能源产业基本情况

清洁能源产业主要包括生产侧的清洁能源开发和装备制造、消费侧的清洁能源利用和技术设备、输送网络和基础设施、技术研发和运维服务等产业链相关内容。具体可细分为：能源生产环节主要包括可再生能源、核能、天然气开发与生产；能源消费环节主要包括对分散燃煤的电能替代、新能源汽车、清洁取暖、天然气和可再生能源直接利用、分布式能源；能源输送环节主要包括特高压输电及智能电网、充电基础设施，热力网、输气管网、综合性智慧能源网、天然气储存、氢能、储能（电、热、冷）。发展清洁能源产业已成为许多国家推进能源转型的核心内容和应对气候变化的重要途径，也是我国推进能源生产和消费革命的重要支撑。

随着能源生产革命的不断推进，煤炭等传统能源生产下降，清洁能源生产快速增长，比重不断提高。截至 2016 年底，全国发电装机容量 16.5 亿千瓦，比 2012 年增长 43.5%。其中，核电 3364 万千瓦，增长 167.6%；并网风电 14864 万千瓦，增长 142.0%；并网太阳能发电 7742 万千瓦，增长 21.7

倍，这三项清洁能源发电装机容量增幅分别比火电高139.0、113.4和2241.4个百分点。

近年来，我国清洁能源开发利用规模迅速扩大，已逐步从清洁能源利用大国向技术产业强国迈进。目前，已具备成熟的大型水电设计、施工和管理运行能力和大型抽水蓄能机组成套设备制造技术。在风电领域，技术水平显著提升，关键风电零部件基本实现国产化，特别是低风速风电技术取得突破性进展，并广泛应用于中东部和南方地区。在光伏发电领域，光伏电池技术创新能力大幅提升，创造了晶硅等新型电池技术转换效率的世界纪录。此外，各类生物质能、地热能、海洋能和可再生能源配套储能技术也有了明显进步。

二、壮大清洁能源产业面临的主要问题

一是现有机制制约了清洁能源规模化发展。电力系统仍以传统能源为主，尚不能完全满足具有波动性特点的清洁能源并网运行要求。传统电源与清洁能源协调发展的体系尚未建立，清洁能源发电大规模并网技术障碍尚未充分解决，弃水、弃风、弃光现象时有发生。

二是清洁能源对政策的依赖度较高。清洁能源发电补贴资金缺口较大，仍需要不断技术进步来进一步降低发电成本，提升市场竞争力。清洁能源发电企业仍高度依赖政策扶持，受政策调整的影响大，清洁能源产业尚未达到可持续的良性发展阶段。

三是清洁能源未能得到有效利用。市场主体在清洁能源利用方面的效率不高，“重建设、轻利用”的情况仍较为普遍，导致清洁能源产业发展的动力不足、潜力有限，清洁能源占比仍然较低。

三、对策建议

一是加快体制机制改革。落实国家深化电力体制改革相关要求，合理确定政府、发电企业、电网企业和用户等各方主体在新能源消纳中的责任和义务，建立有利于清洁能源消纳的市场化机制。同时，加强调峰电源管理，合理控制供热机组和自备电厂发展规模，明确自备电厂参与系统调峰的相关要求。

二是强化市场化机制。适时出台清洁能源配额制，明确各级政府、电网企业和发电企业发展责任，并作为约束性指标进行考核。建立全国统一的可再生能源绿色证书交易机制，通过发挥市场在资源配置中的决定性作用，引导、支持清洁能源发展。

三是拓宽清洁能源消纳渠道。统筹新能源与消纳市场，统筹新能源与其他电源，统筹电源与电网，改变过去各类电源各自为政、只发布专项规划的做法，实现电力系统整体统一规划。同时，推动高能耗企业使用清洁能源，将能源需求转化为消纳清洁能源。

第十七章　绿色技术创新体系

党的十九大报告明确提出："加快建立绿色生产和消费的法律制度和政策导向，建立健全绿色低碳循环发展的经济体系。构建市场导向的绿色技术创新体系，发展绿色金融，壮大节能环保产业、清洁生产产业、清洁能源产业。"为进一步推动绿色经济发展壮大提供了明晰思路，指明了推进绿色发展的技术路径是"构建市场导向的绿色技术创新体系"。

第一节　绿色技术创新体系提出的背景

一、我国国家创新体系建立历程

1987年，美国经济学家理查德·R. 纳尔逊和英国经济学家克里斯托弗·弗里曼提出国家创新体系。20世纪90年代中期，我国正式开始国家创新体系研究。结合中国的国情，中科院在《迎接知识经济时代，建设国家创新体系》报告中提出了关于国家创新体系的概念，指出中国创新体系是知识创新和技术创新并举的系统。2003年10月，党的十六届三中全会通过的《中共中央关于完善社会主义市场经济体制若干问题的决定》明确提出：改革科技管理体制，加快国家创新体系建设，促进全社会科技资源高效配置和综合集成，提高科技创新能力，实现科技和经济社会发展紧密结合。党的十六大期间制定的《国家中长期科学和技术发展规划纲要（2006—2020年）》指出：国家科技创新体系（国家技术创新体系）是以政府为主导、充分发挥市场配置资源的基础性作用、各类科技创新主体紧密联系和有效互动的社会系统。党的十八大和十八届三中全会都对建设国家创新体系作出了部署。2016年5月，中共中央、国务院印发了《国家创新驱动发展战略纲要》，明确提出到2020年我国进入创新型国家行列，基本建成中国特色国家创新体系，为实现全面建成小康社会目标提供有力支撑。

我国国家创新体系的创新主体是政府、科研机构、企业等，通过多元化的创新主体之间相互联系、相互作用形成的国家行为与市场行为互动结合的社会系统为国家创新体系。目前，我国已经基本形成了政府、企业、科研院校、技术创新支撑服务体系互相结合的创新体系。我国科技体制改革目标是科技创新和科技成果转化，通过调整结构和转换机制，在科技和经济结合方面已取得了重要突破和实质性进展。

二、绿色技术创新体系建设是绿色发展的推动力

绿色发展已经成当今世界经济发展的一个重要趋势，许多国家把发展绿色产业作为推动经济结构调整的重要举措，经济发展过程中绿色的理念和内涵不断突出。绿色技术创新体系建设是绿色发展的推动力，主要体现在以下几个方面：

第一，科技创新是绿色发展的驱动力。20世纪80年代以来，在数字、网络、信息、生物技术、智能制造方面开展的科技创新工作，为绿色发展提供了有力的技术支撑和保证。绿色发展的特征是高科技含量、低资源消耗、少污染，仅依靠传统的生产方式和技术已经没办法满足绿色发展的要求，科技创新是绿色发展的必要要求。通过科技创新提高能源与资源利用效率，减少单位产品的资源消耗，走集约式经济发展之路，才能实现可持续发展。科技创新日益成为促进经济增长与环境保护的双重动力。

第二，集成性科技创新是当代科技创新的需求。党的十八大以来，绿色发展理念深入人心，全民绿色发展和生态保护意识与科技素养逐步提高，先进技术得以推广普及，生态环境保护状况改善效果显著。我国在生态环保领域的国际地位也逐渐升高，科技创新功不可没。但是随着技术更新换代时间的缩短，科技创新需要多学科、多领域的集成和互动，加之生态环境保护本身也是一项复杂的系统性工程，集成性创新越来越迫切和急需。

第三，绿色科技创新以绿色装备制造为核心。科技创新对绿色发展具有

引领和支撑作用。推动科技创新，首先要推进信息产业和智能产业发展，走一条优质、高效、低成本的信息化发展道路，用信息化促进绿色化；其次要鼓励发展节能环保产业，构建我国绿色智能制造体系；再次是系统认知生态环境演变规律，提升生态环境检测包补修复能力，以及应对全球气候变化的能力。

第二节 绿色技术创新体系发展现状及存在的问题

一、发展现状

“十二五”时期，我国绿色技术创新取得了显著成果，产业技术创新能力、创新体制机制、创新支撑服务能力都有了较大提升。

（一）绿色技术创新能力不断提升

我国逐步掌握了一批节能环保产业关键技术，大力推进技术改造，推广节能环保新技术、新装备和新产品。节能方面，围绕工业领域节能减排和优化升级的重大科技需求，加快电力、钢铁、建材等重点行业能源梯级利用、源头减量化技术等关键共性技术研发。实施新能源汽车科技创新示范工程、重点行业节能减排技术示范工程等，发挥引领作用，形成可复制的科技成果推广模式。围绕重点行业节能减排工作的重大需求，提高节能减排关键产品或核心技术研发、制造、系统集成和产业化能力，扶持一批研发能力强、市场占有率高的企业。充分发挥相关国家重点实验室、国家工程技术研究中心、产业技术创新战略联盟等的平台作用，提升科技创新主体的创新能力。环保方面，围绕二氧化硫、氮氧化物、化学需氧量、氨氮等主要污染物及重金属等特征污染物，明确发展重点，突破一批重大关键清洁生产技术。资源综合利用方面，在大型化、配套化、自动化、智能化、与互联网融合及节能降耗等方面均有显著提高，部分技术装备达到国际先进水平，1000 多项原始创新技术获得国家发明专利授权。

（二）创新体制机制不断完善

我国加大了技术创新研发投入，环境保护投资达3.4万亿元，与“十一五”期间相比增长了62%，约占GDP的3.5%。预计“十三五”期间，每年全国环保投入将到2万亿元左右，社会环保总投资将超过17万亿元。政府也持续为产业技术创新提供财政支持。2016年10月，财政部发布了《关于在公共服务领域深入推进政府和社会资本合作工作的通知》，明确提出垃圾、污水处理等新项目强制应用PPP模式。我国环保产业PPP模式正在迈向扩大应用阶段，2015年全国已披露的环保PPP计划投资项目已经达到239个，总投资金额突破1270亿元。2017年，工业和信息化部组织实施绿色制造工程，利用绿色制造财政专项资金支持重点项目225个，会同国家开发银行利用绿色信贷支持重点项目454个。政府和企业、科研院校等研究主体都在进行体制机制创新，探索政产学研用相结合的创新模式，初步形成了政产学研用一体化的互动格局。

（三）创新支撑服务能力不断加强

我国重点行业不断提升创新支撑服务能力，逐步强化企业的技术创新主体地位，行业企业间共同协作，搭建了一批专业性的公共服务平台，提供专业化服务，目前已有511家企业建设了国家中小企业公共服务示范平台。

二、存在的问题

一是科技基础仍然薄弱，技术储备亟待加强。科技创新能力特别是原始创新能力与发达国家相比还存在很大差距，关键核心技术受制于人的局面尚未从根本上改变，许多产业仍处于全球价值链中低端，支撑产业升级、引领绿色发展的技术储备尚需加强。二是创新体系整体效能不高，制约创新发展的思想观念和深层次体制机制障碍依然存在。三是缺乏高层次领军人才和高技能人才，创新型企业家群体急需发展壮大。四是激励创新的环境尚不完善，需要加大政策措施落实力度，提高创新资源开放共享水平，弘扬科学精神和创新文化。

第三节　绿色技术创新体系建设的对策与建议

一、明确企业的技术创新主体地位

由于绿色技术的资金需求大、成本比较高，绿色技术在推广过程中存在一定难度。同时绿色技术创新外部性强，其整体收益如果单纯依靠市场定价无法准确估量。此外，技术创新商业模式风险难以预测，导致社会投资的积极性不高。市场导向的绿色技术创新体系还需要政策层面的积极引导。需要政府通过加强环境把控和环保监督，倒逼企业加强技术装备进行改造；也需要政府加大资金支持，补贴企业技术创新成本，使得绿色技术的研发和推广提速。另外，加强知识产权保护，构建市场导向的绿色技术创新体系也是必要且紧迫的，应坚持全球视野、全局把握、全链条分析、全生命周期管理，最大限度地激发市场主体的创新活力。

二、健全市场机制，激发企业的创新活力。

提高国家创新体系效率，关键在于营造公平、法治、开放的市场环境。

一是鼓励大型企业、科研院所和高校积极探索科技创新前沿领域，同时也要大力支持创新型中小微企业的发展；二是完善市场价格机制，及时将市场对新技术、新方法的需求反馈到企业的生产经营活动中，强化创新发展的技术源头供给；三是推动技术开发类科研院所转制为企业，同时联合其他企业和创新主体，以提升关键共性技术研发能力为目标，开展关键共性技术攻关；四是加大金融系统支持企业科技创新活动的力度，鼓励发展风险投资，引导符合条件的科技型企业实行股权激励等措施，加强企业和科技人员开展创新活动所需的资金保障；五是完善技术创新服务网络。加快建立和培育我国技术创新中介服务网络，根据我国的实际情况，学习和借鉴国外的有效经验，推动中介服务的社会化进程，不断提高服务质量。

三、培养绿色技术创新人才

科技创新的根基和关键是人才，创新实践的主体和主导者也是人才。实施人才强国战略，充分发挥人才在创新驱动发展中的引领作用，把握当前国际人才竞争的新趋势，采取更加有力的人才举措和政策，培育创新型人才队伍，提高队伍规模、完善人才结构、发挥人才队伍的创新精神，才能在国际人才竞争中赢得主动。

一是重视绿色技术高端人才的培养机制。一方面要积极推动教育创新，改革人才培养模式，加强普通教育与职业教育衔接，全面提高人才培养质量。另一方面要通过项目带动等形式，在实践中将人才培养与使用有机结合，提高人才水平，培养一批科技领军人才。二是创新绿色技术人才引进机制。完善海外高水平技术人才引进方式，构建具有国际竞争力的引才用才机制。健全国内技术创新工作和服务的平台，加强人才对外交流和国际合作。制定积极的海外高端人才和创新人才引进优惠政策，采取多样化的人才引进方式，广泛吸引海内外科技领军人才和拔尖人才。三是优化绿色技术创新环境。建立完善的技术保障和服务配套体系，强化绿色技术创新的法律保障，加强知识产权保护。加快绿色技术信息服务平台建设，完善绿色技术创新和专利申报渠道，构建绿色技术标准体系，鼓励企业、科研机构积极参与绿色技术标准的制定。

第十八章　碳市场全面启动

碳排放权交易市场，是为应对气候变化问题而衍生出来的一种新型市场机制。按照碳排放权交易机制，碳排放额度将会成为一种稀缺资源，具有了商品价值，可以进行交易。2017年12月，我国政府发布《全国碳排放权交易市场建设方案（发电行业）》，这标志着自从2013年7省市碳交易试点以来，碳排放交易在经过几年不同区域的试点后，全国性碳排放交易市场正式启动，这对于我国实现2030年左右二氧化碳排放达到峰值具有重要意义。

第一节　全国碳排放权交易市场基本情况

按照《建设方案》的规定，全国碳排放权交易市场分为交易和结算平台，以及登记平台，前者放在上海市，后者落户湖北，另外还有北京、天津、重庆、广东、江苏、福建和深圳市也将参与系统的建设和运营。碳市场是以碳排放权市场交易的方式降低应对气候变化的成本，建立全国碳排放交易市场，在应对气候变化的方式上，为传统的行政手段、经济补贴手段之外提供市场手段，发挥市场在应对气候变化中的重要作用，让节能减碳的企业在减少碳排放的同时获取部分收益，从而降低减碳成本，激励企业不断创新技术、加强管理，最终实现以最小成本达成减排目标的目的。

一、全国碳排放交易市场建立的背景

自工业革命以来，大气中的二氧化碳越来越多，全球呈现变暖的趋势，从1880年至2012年，全球平均温度升高了0.85℃。气温升高对人类的日常生活产生了重要影响，海平面上升严重危害到太平洋一些小岛国，极端气候

事件频发对农业生产、日常生活秩序造成影响等，对人类经济社会的发展带来重大影响，气候变化日益成为全球必须面对的重大问题。为应对气候变化问题，全球大多数国家在哥本哈根气候大会上达成共识，提出要在本世纪末争取将温升控制在2℃的目标，而实现这一目标，则要求在2100年之前，必须把大气中二氧化碳的浓度稳定在450ppm，为此需要通过各种途径控制和减少生产和生活活动排放的二氧化碳。

在所有各种控制和减少二氧化碳的办法中，碳市场是降低减排成本最重要的机制，它通过市场交易产生的激励和约束作用，促使人们不断降低工业、农业、商业等活动中的碳排放。全球主要国家纷纷建立碳排放权交易市场，自2005年欧盟碳市场建立以来，经过十来年的发展，全球碳交易市场建设已经获得里程碑式发展。截至2015年，全球拟建、在建和运行中的碳交易市场共有32个，其中17个正式运行，14个处于拟建状态，1个正在建设。全球碳排放交易市场覆盖的区域已经涵盖了包括四个洲的35个国家，覆盖人口达到全球总人口的40%，这些区域每年创造的GDP已达到全球GDP的40%。

二、全国碳排放交易市场的建立

我国建立碳排放交易市场大致经历了四个阶段：

第一个阶段是基于《京都议定书》的CDM项目，这一阶段中国作为发展中国家成为全球清洁发展机制项目的重要来源国。清洁发展机制是《京都议定书》提出的一种应对气候变化的灵活市场机制，这种机制要求发达国家通过购买项目的方式在发展中国家中开展碳减排项目，从而实现碳减排的目的，这种减排是发达国家和发展中国家通过项目级别的减排量抵消额的转让与获取实现的。为应对气候变化问题，我国政府高度重视和支持开展CDM项目，为此政府成立了专门管理机构，并发布《清洁发展机制项目运行管理办法》，发展了大量CDM咨询企业。2005年1月，我国政府正式批准了第一个CDM项目，到2011年，我国批准3105个CDM项目，注册CDM项目的数量达到1503个，签发CDM的数量达到500个，我国成为全球最大的CDM项目供给国。清洁发展机制项目的发展为我国进一步发展碳排放交易市场奠定了基础。

第二阶段是自愿减排交易体系建设。随着清洁发展机制的发展，从2008

年开始，我国开始推动自愿碳减排交易体系建设，先后成立了北京环境交易所、上海环境交易所、天津排放权交易所，这些交易所的成立标志着我国开始探索利用市场机制探索节能减排的市场机制，为发展碳交易市场做出重要尝试，例如上海环境交易所打造绿色世博自愿交易平台，北京环境交易所发布中国自愿减排标准——熊猫标准。

第三个阶段是在全国不同地区开展7个碳排放交易试点，这个阶段主要是为建立全国碳排放交易市场探索经验。2011年，《关于“十二五”控制温室气体排放工作方案的通知》提出逐步建立全国性碳排放权交易市场，随后，《关于开展碳排放权交易试点工作的通知》确定了在北京、天津、上海、重庆、湖北、广东和深圳7个省市，开展碳排放权交易试点。从2013年6月深圳碳排放交易试点正式开始到2014年6月重庆碳排放交易试点开始碳排放交易，7个碳排放交易试点相继启动，试点为建立全国碳排放交易市场提供了多方面经验。2014年9月，《国家应对气候变化规划（2014—2020年）》提出继续深化碳排放权交易试点，并加快建立全国碳排放交易市场。到12月，《碳排放权交易管理暂行办法》的发布为我国建立全国性碳排放交易市场提供了基础框架。

建立全国碳排放交易市场是一个逐步发展的过程，在这个过程中，我国应对气候变化工作同国际气候变化谈判及相关制度有着重要的关系，这属于碳排放市场发展的外部力量，同时，经过几十年快速发展，我国国内经济社会发展的阶段和现实需求也迫切要求我国走一种可持续发展的道路，这成为碳排放市场发展的内部动力，推动我国碳排放交易市场的建立。

三、全国碳排放交易市场建立的意义

建立全国碳排放交易市场具有重要意义。

（一）为应对气候变化提供市场手段

气候变化问题既可以通过行政方式解决，也可以通过市场机制解决，但从国际实践经验来看，市场手段在降低应对气候变化成本方面有着重要的作用，不可或缺。碳排放交易市场作为市场机制是应对气候变化问题不可缺少的手段，通过把碳排放权作为商品，把政府、企业、社会等不同利益相关者都纳入到了应对气候变化中，通过经济激励和约束，有效地降低了应对气候变化的成本。和其他手段相比，行政手段和法律手段尽管执行力度很强，但成本较高，碳交易市场不仅降低了碳排放，为企业提供了经济收益，还有助于提高企业和民众的低碳意识。

（二）为参与国际金融提供重要工具

碳排放交易市场同国际金融市场有着紧密的联系，随着应对气候变化工作的逐渐发展，国际金融市场很难脱开全球碳交易市场，我国在金融市场方面发展还不够成熟，但作为全球最大的碳排放国和最大的碳排放权供给国，我国有一定优势，推进全国碳排放交易市场建设，有助于我国参与国际金融市场格局的重构与调整。

（三）为推进经济高质量发展提供助力

全球经济发展格局正在发生重大变化，世界各国都在努力抓住各种发展机遇，以谋求未来发展优势。发达国家都把风能、太阳能、电动汽车等以低碳技术为核心的低碳产业作为未来经济发展的重要组成部分，把碳市场作为推动未来低碳经济发展的重要工具，积极加以产业引导和市场建设。从国际发展看，低碳发展不仅正在改善我们的生活方式，而且还不断培育大量新兴产业，推动全球经济发展格局的变化。从国内经济发展来看，我国经济正在进入新的发展阶段，生态文明建设已经成为经济发展必须考虑的因素，人均收入水平的不断提高，使得人们对环境质量和生态服务的需求越来越大，资源和环境约束成为经济社会发展的重要制约要素，应对气候变化在产业层面越来越具有现实意义，而碳排放交易市场作为应对气候变化的重要市场手段，对推动未来经济变革和发展无疑有重要作用。

第二节　碳排放权交易市场建设方案评析

建立碳排放权交易市场有助于我国控制温室气体排放，也是深化生态文明体制改革的迫切需要，有利于降低全社会减排成本，有利于推动经济向绿色低碳转型升级。

一、分阶段逐步推进

按照《建设方案》的要求，碳市场建设的最终目标是建立起在产权上归属清晰、在财产保护上严格要求、在产品流转上保持顺畅、在市场监管上有力有效、在信息公开上高度透明的碳市场体系。这一建设过程分三个阶段：在第一阶段，用一年时间完成数据报送、注册登记和交易系统等基础建设，并提升各参与者的交易能力和市场管理水平；第二阶段，用一年时间在发电行业开展配额模拟交易，检验市场的有效性和可靠性，完善市场管理制度；第三阶段为完善期，在发电行业开展交易。

二、以发电行业为突破口

从国际经验看，火电行业是各国碳市场优先选择纳入的行业。在我国，相对其他行业，发电行业具有数据基础较好，行业排放量较大，产品单一，计量设施完备，配额分配简便易行，管理制度相对健全，行业以大型企业为主，易于管理等多方面优点，因此我国碳市场首先在发电行业开展碳排放交易。而且首批纳入企业1700余家，排放量将超过30亿吨，具有较强示范意义。条件成熟后，再扩大到其他高耗能、高污染和资源性行业。交易产品主要为配额的现货交易，等条件成熟了，再增加国家核证自愿减排量及其他交易产品。按照规定，发电行业中年排放达到2.6万吨二氧化碳当量（综合能源消费量约1万吨标准煤）及以上的企业或其他经济组织都将参与交易，其中，年排放达到2.6万吨二氧化碳当量及以上的其他行业自备电厂也视同发电行业重点排放单位管理。

三、不同主体广泛参与

全国碳市场参与者主要包括四类：一是中央和地方政府，负责制定碳市场运行的基本原则，确定总量目标和配额分配方式，并监督企业在市场上的行为。各相关部门根据职责分工分别对第三方核查机构、交易机构等实施监管。二是参与市场交易的重点排放单位，就是被纳入到碳市场中接受碳排放量控制的企业，要按照规定履约，并参与碳市场的交易。三是第三方核查机构，它的主要任务是依据核查有关规定和技术规范，受委托开展碳排放相关数据核查，并出具独立核查报告，确保核查报告真实、可信。四是金融机构、中介机构等。

四、三大制度紧密衔接

碳市场制度主要包括三方面：一是监测、报告与核查制度。国家发展改革部门会同相关行业主管部门制定企业排放报告管理办法、完善企业温室气体核算报告指南与技术规范。各省级、计划单列市应对气候变化主管部门组织开展数据审定和报送工作。重点排放单位应按规定及时报告碳排放数据。重点排放单位和核查机构须对数据的真实性、准确性和完整性负责。二是重点排放单位配额管理制度。国家发展改革部门负责制定配额分配标准和办法。各省级及计划单列市应对气候变化主管部门按照标准和办法向辖区内的重点排放单位分配配额。重点排放单位应当采取有效措施控制碳排放，并按实际排放清缴配额。其中，发电行业配额按国家发展改革部门会同能源部门制定的分配标准和方法进行分配。发电行业重点排放单位需按年向所在省级、计划单列市应对气候变化主管部门提交与其当年实际碳排放量相等的配额，以完成其减排义务。其富余配额可向市场出售，不足部分需通过市场购买。省级及计划单列市应对气候变化主管部门负责监督清缴，对逾期或不足额清缴的重点排放单位依法依规予以处罚，并将相关信息纳入全国信用信息共享平台实施联合惩戒。三是市场交易相关制度。国家发展改革部门会同相关部门制定碳排放权市场交易管理办法，对交易主体、交易方式、交易行为以及市场监管等进行规定，构建能够反映供需关系、减排成本等因素的价格形成机制，建立有效防范价格异常波动的调节机制和防止市场操纵的风险防控机制，确保市场要素完整、公开透明、运行有序。

五、四大系统共同支撑

全国碳市场支撑系统包括四个：一是重点排放单位碳排放数据报送系统。《建设方案》要求建设全国统一、分级管理的碳排放数据报送信息系统，探索实现与国家能耗在线监测系统的连接。二是建设全国统一的碳排放权注册登记系统及其灾备系统，为各类市场主体提供碳排放配额和国家核证自愿减排量的法定确权及登记服务，并实现配额清缴及履约管理。三是建设全国统一的碳排放权交易系统及其灾备系统，提供交易服务和综合信息服务。四是建立碳排放权交易结算系统，实现交易资金结算及管理，并提供与配额结算业务有关的信息查询和咨询等服务，确保交易结果真实可信。

第三节　对我国相关行业的长远影响

一、将提升发电行业的低碳化水平

通过对发电行业重点排放单位的碳排放控制，倒逼电力结构优化，促进电力行业低碳发展。2016 年，全国火电单位发电量二氧化碳排放约 822 克/千瓦时，比 2005 年下降 21.6%，电力行业碳排放水平降低程度明显，同时截至 2016 年底，我国非化石能源发电装机容量达到 5.7 亿千瓦，约占全部电力装机容量的 35%，有效地降低了发电碳排放。2006—2016 年，电力行业累计减少二氧化碳排放约 94 亿吨。碳市场的建设有助于进一步推动我国发电行业的低碳化发展。

二、将加快发电企业实现低碳发展

主要包括三个方面：一是促使企业加强内部管理，通过碳排放相关指标的约束，推动企业低碳发展。二是启动全国碳排放交易后，企业超排、多排都要付出成本，为减少这些成本，企业在投资上将会更加考虑低碳技术类投资，从而逐步实现企业的低碳发展，提升企业低碳发展水平。三是全国碳市场的建立，将推动低碳发展水平较高的企业，通过碳市场交易获得利润，从而将企业的低碳优势转化为竞争优势。但从国际经验看，碳市场对企业的这种作用是一个长期渐进的过程，早期碳配额不会过紧，价格也不会很高，这种作用的发挥会是一个逐渐显现的过程。

三、将进一步提升我国应对气候变化的能力

长久以来，相比发达国家，无论在技术上，还是在制度上，作为发展中国家的我国在应对气候变化方面都不具有优势，以工业为例，能源消费占全国的比重始终在70%以上，其中，工业煤炭消耗占全国的50%左右，工业化石能源碳排放占全国碳排放的70%，占工业碳排放总量的85%以上。全国碳市场的建立，为我国低碳发展提供了可供选择的市场手段，增强了我国应对气候变化的能力，有助于降低我国经济整体碳排放水平，推动生态文明建设。

展 望 篇

第十九章　主要研究机构预测性观点综述

第一节　国务院发展研究中心：中国生态文明建设迈向新时代

国务院发展研究中心资源与环境政策研究所副所长李佐军研究员在《上海证券报》发表文章指出，中国生态文明建设迈向新时代。党的十九大报告指出，中国特色社会主义伟大事业进入了新时代。在新时代，需要推进包括生态文明建设在内的“五位一体”建设，这意味着中国生态文明建设也正在迈向新时代。迈向新时代需要有新视角、新理论、新思路、新制度、新产业、新行动。

一、生态文明建设的新视角

党的十九大报告将生态文明建设提到了一个新的高度，明确指出建设生态文明是中华民族永续发展的千年大计。生态文明建设可从狭义和广义两个层面理解。从狭义看，生态文明建设指以人与自然和谐相处为核心，遵循自然规律，合理开发利用和节约自然资源，保护和治理环境，进行生态环境保育，从而使自然生态再生产与经济社会再生产形成良性循环和协调发展的格局。生态文明是与物质文明、政治文明和精神文明并列的文明之一。从广义看，生态文明建设指人类积极改善人与自然、人与人的关系，建立可持续生存和发展环境所进行的物质、精神、制度方面活动的总和。在这里，生态文明建设不单是节约资源和保护环境，而是要融入经济建设、政治建设、文化建设和社会建设的各方面和全过程。

生态文明建设具有以下基本特征：一是系统性，即要考虑生态循环的系统性。二是公平性，即强调人类代际之间的公平和生态系统内部的协调。三是可持续性，即强调低消耗、低污染、低排放，以实现可持续发展。四是时代性，即生态文明代表人类文明的一个新阶段。五是高效性，即生态文明建设不是按照生态原教旨主义的要求回到原始自然状态，而是要代表先进生产力的前进方向。

二、生态文明建设的新理论和内容

为了理清生态文明建设的思路和对策，必须构建一个清晰的理论分析框架。生态文明建设的核心是提高生态环境生产率，即单位资源、环境、生态消耗的生产率。生态环境生产率高度概括了生态文明建设的核心内容，可作为生态文明建设的基本理论分析框架。

生态文明建设的主要内容可以概括为“降耗”“减排”“止损”“增绿”“提效”等五个方面。一是“降耗”（含节能），即降低资源能源消耗。通过集约节约利用资源能源、优化资源能源结构、发展循环经济等，降低资源能源消耗。二是“减排”，即减少“三废”和二氧化碳等排放。通过实施大气污染防治行动计划、水污染防治行动计划、土壤污染防治行动计划，提高污染排放标准，适当采取限产限排等行政手段，减少各种污染排放。三是“止损”，即阻止或减少生态环境损害。通过实施主体功能区战略、划定生态红线、制定自然资源用途管制制度、建立国家公园体制、构筑生态屏障等，阻止或减少生态环境损害。四是“增绿”，即增加绿色生态空间。通过整治国土空间、植树造林、种草、种植农作物、保持水土、治理荒漠化、保护湿地、保护海洋、保护生物多样性等，增加绿色生态空间。五是“提效”，即提高全要素生产率。通过近年来反复论证和强调的“三大发动机”——制度变革（即制度改革）、结构优化（含推进新型工业化或产业转型升级、新型城镇化、区域经济一体化、国际化等）、要素升级（含推进技术进步、提升人力资本、推进信息化、促进知识增长等），提高全要素生产率，减轻经济社会发展对资源环境的依赖。

推进生态文明建设的具体途径主要包括：一是优化资源能源结构、提高资源能源利用效率。二是开展国土整治，优化空间布局。三是淘汰“三高”产业，发展绿色低碳产业。四是治理环境污染。五是强化生态建设。六是推进绿色城镇化。七是研发应用绿色低碳技术。八是建设生态社会。

三、生态文明建设的新思路

生态文明建设是一个复杂的系统工程，具有如下“五全”特点：一是“全领域”，即生态文明建设需要涉及全领域，需要覆盖所有国土，覆盖“山水林田湖草”，覆盖城市和乡村，覆盖一、二、三产业中的各个产业。二是“全环节”，即生态文明建设需要将“山水林田湖草”视为一个整体，进行全环节或全流程管理，严防源头、严控过程，对造成环境污染后果的更要严惩。三是“全时间”，即生态文明建设需要全天候推动，即坚持一天24小时不间断行动，以防止晚上偷排等情况发生，并坚持连续多年推动。四是“全手段”，即生态文明建设需要综合运用法律手段、行政手段、市场手段和道德手段等各种手段予以推动。五是“全社会”，即生态文明建设需要政府、企业、社会组织、公众等各个主体共同来推动，需要构建政府为主导、企业为主体、社会组织和公众共同参与的环境治理体系。

四、生态文明建设的新制度

在生态环境生产率公式中有一个同时影响分子、分母因素的制度系数。制度非常关键和重要，制度可通过影响各主体的行为，进而影响国内生产总值、生态系统生产总值、资源消耗量、污染排放量、生态损害量等，带来公式中分子、分母数值的增减变化，最后影响生态文明建设。

促进生态文明建设的制度可分为市场制度和政府制度。其中，促进生态文明建设的市场制度又包括三个方面：第一，生态环境产权制度。如用能权、用水权和碳排放权初始分配制度，自然资源资产产权制度，环境产权制度，矿产资源国家权益金制度，资源有偿使用制度，生态价值评估制度，自然资源资产负债表制度等。第二，交易制度。如碳排放权交易制度、排污权有偿使用和交易制度、水权交易制度、环境污染第三方治理制度、重点单位碳排放报告、核查、核证和配额管理制度等。第三，价格形成制度。资源产品、环境产品的价格应由市场供求关系决定，政府定价应充分发挥社会公众的参与作用。

促进生态文明建设的政府制度包括如下四个方面：第一，激励制度。具体包括生态补偿制度、财税金融激励制度、考评激励制度、信用激励制度、绿色认证和政府绿色采购制度等。第二，约束制度。具体包括自然资源用途管制制度、最严格的环境保护制度、最严格的水资源管理制度、最严格的源头保护制度、生态修复制度、生态红线制度、国土空间开发保护制度、产业准入负面清单制度、污染排放总量控制制度、污染物排放许可证制度、重要资源集约节约利用制度、生产者责任延伸制度、污染物排放强制性保险责任制度等。第三，政府监管制度。具体包括自然资源资产管理体制（自然资源资产负债表、领导干部自然资源资产离任审计制度）、自然生态监管体制、省以下环保机构监测监察执法垂直管理体制、国家公园体制、河长制或湖长制、环境监测体制、陆海统筹的生态系统保护修复和污染防治区域联动机制、资源环境承载能力监测预警机制、国有林区经营管理体制、信息公开和公众参与制度、公众举报制度等。第四，考核评价问责制度。具体包括生态环境统计制度、自然资源调查评价和核算制度、环境影响评价制度、企业环境信用等级评价制度、生态环境损害赔偿制度和责任追究制度、责任倒查制度、目标绩效考核制度、党政同责制度和一岗双责制度、环境监管执法制度、环境公益诉讼制度等。

第二节　社科院工经所：绿色发展是提升区域发展质量的“胜负手”

社科院工经所研究人员在《区域经济评论》撰文提出，绿色发展是提升区域发展质量的“胜负手”。人类步入工业化社会以来，一个国家或地区的发展目标由追求速度转为强调质量是经济社会演进的普遍规律。纵观全球，当今世界的经济强国无一不是质量强国，而德国、日本等质量强国也都凭借后发优势，实现了从量的积累向质的提升的重大转型。顺应“质量时代”的新目标新要求，2017 年 9 月出台的《中共中央国务院关于开展质量提升行动的指导意见》（以下简称《意见》)，将提高供给质量作为供给侧结构性改革的主攻方向，《意见》还首次将区域发展质量的整体跃升列为与产品、服务、工程质量并立的建立质量强国的主要目标。

应该看到，尽管处在不同发展阶段的各地民众对发展质量的判断并不在一条水平线上，但高质量的生态环境却已经成为当前人民最为普遍和紧迫的发展诉求之一。因此，绿色发展不仅是提升区域发展质量的重要抓手，也是评价区域发展质量的核心指标。

第一，要统筹不同地区结构转型和绿色发展的目标，形成区域发展的绿色布局。国家应进一步完善主体功能区建设规划，促进西部大开发、中部崛起、振兴东北老工业基地以及各项沿海、区域开发战略的配套政策，协调地区之间的绿色转型进程，缩小转型成果分配的差距，缓解绿色发展中的地区不平衡矛盾。各地区则要充分发挥各自优势，协同合作，在产业绿色转型中扮演不同角色。对于东部地区而言，应确立产业绿色化、智能化先行者的角色，深入挖掘产业配套体系、科技创新能力、资源环境保护经验、金融服务水平等优势，大力扶持电子信息、新材料、生物工程和生物医药等产业的发展，加快实现区域发展动能转换。中西部地区的产业绿色转型则要发掘自然资源、土地资源和劳动力资源等区位优势，加大新能源、战略性矿产等优质资源的绿色、可持续开发力度，支持地方发展资源深加工、装备制造等上下游产业，形成以绿色资源能源为核心的差别化区域产业结构。在此基础上，国家要长期保持对西部地区的扶持政策，地方政府也需要制定地方绿色发展的长期规划，保障产业绿色转型的延续性。

第二，将打造生态文明实验区、促进生态格局优化作为推动绿色发展、实现区域生态环境质量跃升的重要抓手。根据《意见》的总体要求，广泛吸收各省（区、市）开展生态文明建设试点示范的经验，梳理生态文明建设实验区建设面临的问题与障碍，制定实施“生态文明实验区建设专项规划”，选择有代表性的地区，既要包括国家重点生态功能区，又要涵盖一些生态损害严重、生态修复难度大的典型地区，从而利用生态文明实验区建设释放的制度红利、转移支付和社会影响，通过5—10年的努力，啃下生态严重受损地区生态恢复和涵养的“硬骨头”。建设生态文明实验区可参考自贸区的负面清单管理，在依托重点生态功能区设立的生态文明实验区中，实行产业准入负面清单，划出生态文明实验区的产业发展红线。同时，要注重生态文明实验区建设以及主体功能区战略实施与国民经济和社会发展总体战略及专项规划相对接，共同带动生态格局提质优化。

第三，紧紧扭住“环境综合治理”不放松，使得区域发展质量提升的成果真正惠及当地民众。深入贯彻落实党的十九大精神，在系统分析全面建成小康社会面临的生态环境挑战、探讨环境管理体系中政府与市场的关系的基础上，在《意见》指导下，通过专项规划或转型立法等形式，明确提出符合生态文明建设要求，鼓励引导多元化主体参与，有效扩展环境资源，切实改善环境质量，不断提升环境公共服务水平，积极回应公众绿色生活诉求的区域环境治理范式和政策支撑体系，加快环境管理的新模式和环境政策工具创新，全面提升各地绿色治理能力。要充分考虑经济下行态势下减排的难度和地方环境执法的压力，为加快工业化城镇化、全面建成小康社会留足排放空间，为气候变化谈判提供回旋余地。同时，加快推进地方生态环境监测网络的建设运行，打造开放式、多层级的环境保护投入体系和响应机制，重点提高细颗粒物、饮用水、土壤、重金属、有毒有害化学品排放和污染的监测和发布水平；将农业、农村、农民“三农”作为提升区域绿色发展水平、开展环境治理和环保教育培训的重点目标对象和环境执法新的着力点，依托乡村治理战略，加快推进农业现代化，不断探索有中国特色、高效集约绿色低碳的农业生产技术和市场方式，加大对村镇污水集中处理、生产生活垃圾回收等环境治理基础设施建设的投入力度，转变农民生产生活方式，切实提高农民的生态环境保护意识；以科学评估为依据，在京津冀地区尽快试点，探索重点区域的绿色转移支付机制，形成污染治理受损地区与受益地区之间动态化、可调整、联动化的污染治理新模式；在严格执行各级政府和领导环保督察机制与环境问责机制的同时，进一步完善全覆盖的生态高效决策制度、生态环境监督制度、生态损害追究制度，并依据《环境保护法》，对引发危害环境重特大事件的地方政府、企业和个人主体严格追责，形成舆论导向和震慑作用，增强各类主体的环境责任意识。

第三节　E20研究院：2018年环保产业发展继续呈现五大趋势

E20研究院撰文提出2018年环保产业发展将继续呈现五大趋势。

一、生态文明建设更加坚定，“两山论”如何落地是难点

党的十九大高度强调了党的初心，中国共产党始终代表最广大人民的根本利益。生态文明建设作为“五位一体”的重要组成部分，体现了最广大人民群众的根本关切。坚持人与自然和谐共生，建设生态文明是中华民族永续发展的千年大计。这充分表明了以习近平同志为核心的党中央对生态文明建设的高度重视，也充分表明了我国不可能因为局部的经济下滑而做出环保让步。基于中国共产党强大的理论自信、道路自信、制度自信和文化自信，中国现在有底气可以推动建立一个生态价值的对价体系。

“两山论”作为生态文明建设的指导思想和实现路径，揭示了绿水青山和金山银山三个发展阶段的问题，剖析了环境与经济在演进过程中的相互关系。党的十九大报告中强调，必须树立和践行“绿水青山就是金山银山”的理念，同时把“两山论”理念写入了新党章。2017年，全国落地“两山论”的探索明显加快，成绩显著。

二、环保管理模式大踏步优化，高压下各主体重新就位

在国家坚定环保信心、加大环保工作投入的同时，也在不断进行着环保管理模式的创新与优化。中央环保督察，从环保部门牵头到中央主导，从以查企业为主转变为“查督并举，以督政为主”，被看作是我国环境监管模式的重大变革。2017年12月28日，环保部例行新闻发布会介绍，首轮中央环保督察已实现对全国31个省份全覆盖，共受理群众信访举报13.5万余件，累计立案处罚2.9万家，罚款约14.3亿元，立案侦查1518件，拘留1527人，约谈党政领导干部18448人，问责18199人，显示了史无前例的力度。

如果说环保督察等环保行动强化的是执行力度，法律法规层面的制度建设才可以实现更长效的结果。在法制层面，2016 年底，《环境保护税法》发布，规定 2018 年 1 月 1 日起正式实施。2017 年，为保证税法顺利实施，李克强总理签署了以国务院令公布的《中华人民共和国环境保护税法实施条例》。具体明确了对环保税法规定的免税和减税情形，在环保税法规定的基础上对环境保护税征管事项作了规定。为强化地方环保治理动力，环保税全部归地方所有。目前，全国大部分省份已确定具体税额，环保税开征前的各项准备工作正在稳步有序推进中。据预测，每年征收的规模将达 500 亿元。

而作为未来蓝图的呈现，2016 年底，国务院发布《“十三五”生态环境保护规划》，成为下一个五年中环境保护工作的起点。2017 年，环保部网站公开了《国家环境保护标准“十三五”发展规划》，计划“十三五”期间，将启动约 300 项环保标准制修订项目，以及 20 项解决环境质量标准、污染物排放（控制）标准制修订工作中有关达标判定、排放量核算等关键和共性问题项目，发布约 800 项环保标准。随后全国各地纷纷出台各省市“十三五”生态环保发展细则，规划未来路径和发展蓝图，普遍聚焦水环境综合治理、农村环境整治、大气污染防治等方面，为落实国家“十三五”发展规划提供了重要助力。据环保部测算，“十三五”期间环保投入预计将增加到每年 2 万亿元左右，“十三五”期间社会环保总投资有望超过 17 万亿元，将是“十二五”期间的两倍以上，环保产业迎来发展的高速期。

三、“三大战役”继续推进，环境效果能否持续落实

在气、水、土三大“十条”陆续发布之后，“三大战役”成为与环保督察并行的环保重头行动。党的十九大报告再度提出，重点做好大气、水、土壤三方面工作。

在 2017 年这个关键节点上，“三大战役”在持续推进，作为国务院“大气十条”第一阶段的收官之年，“史上最严”的京津冀及周边城市“2 + 26”大气污染防治强化，即“蓝天保卫战”正式启动：大气污染治理贯穿整个 2017 年——为期一年、5600 人参与，“史上最大规模环保督查”在“2 + 26”城市推进；10 部委、6 省市联合实施秋冬季大气污染综合治理，首次针对采

暖季治霾立下“军令状”；北方地区清洁取暖工作有序推进，散煤治理、油品升级、停产限产等措施多管齐下。截至 2017 年 10 月，京津冀地区 13 个城市空气从平均达标天数比例 36.5%，变为平均优良天数比例 69.2%；长三角地区 25 个城市空气从平均达标天数比例 73.5%，变为平均优良天数比例 93.8%；珠三角地区 9 个城市空气从平均达标天数比例 90.3%，变为平均优良天数比例为 73.1%。12 月 10 日，环境保护部部长李干杰说，“大气十条”收官年，从目前情况看，设定的重要目标有望全部实现。2017 年 1 月至 11 月，全国 338 个地级及以上城市可吸入颗粒物（PM10）平均浓度比 2013 年同期下降 20.4%，京津冀、长三角、珠三角细颗粒物（PM2.5）平均浓度分别下降 38.2%、31.7%、25.6%。一串串数字提升的背后是条条环保措施的深化推进，从达标到优秀，意味着打赢“蓝天保卫战”的信心正在节节攀升，首战告捷。

在土壤污染治理方面，2017 年 6 月 27 日，第十二届全国人大常委会第二十八次会议分组审议了《中华人民共和国土壤污染防治法（草案）》（2017 年初发布二次修改稿），这是我国国家层面制定的第一部土壤污染防治领域的单行法。包含山东、浙江、辽宁、江苏、深圳、河北等地在内的全国土壤污染状况的详查开始密集进行，各地纷纷出台细则。8 月，环境保护部、财政部、国土部等五部委部署土壤污染状况详查，计划于 2020 年底前摸清农用地和重点行业企业用地污染状况。据环保部对“土十条”影响做的预测评估，土壤修复市场带动的投资规模将超过 5.7 万亿元。但相关领域关注度也并未高涨。

“水十条”关注度依然不减，但明显各项任务还处在攻坚期。其中，黑臭水体治理在 2017 年也迎来了阶段验收年，但据目前数据显示，黑臭水体治理成绩并不明显。据住建部“城市黑臭水体整治信息发布平台”数据，截至 2017 年 12 月，全国黑臭水体认定总数为 2100 条，未启动的是 2 条，占比 0.1%；方案制定的为 328 条，占比 15.62%；治理中的 843 条，占比 40.14%；完成治理的 927 条，占比 44.14%。治理完成的黑臭水体不到一半，且有部分治理完成的水体也出现了反弹现象，距离目标要求还有一段距离，未来发展还需要继续强化运营水平和绩效考核。

四、外部环境趋于规范，重品质防风险加剧产业分化

PPP 作为环保新模式，自 2015 年以来，持续成为关注重点，引发行业热潮。更多的资本力量进入环保领域，争抢市场蛋糕。下一步 PPP 的发展应该不是注重增量，而是要提质，2018 年，防风险，重绩效将成 PPP“重头戏”。

资本方面，2017 年，外界对环保产业的信心在不断上升。2017 年 2 月，证监会公布的对十二届全国人大四次会议第 1502 号《关于大力推进节能环保科技产业发展的建议》的答复中提到，证监会将继续支持符合国家产业政策和发行上市条件的节能环保企业上市融资，鼓励节能环保企业利用资本市场做大做强。政策对节能环保等新兴产业上市融资额鼓励。让环保企业在 2017 年迎来了上市高峰，过去一年成功上市的环保企业有：博天环境、德创环保、滇池水务、中国光大绿色环保、海峡环保、立高控股、联泰环保、上海环境、兴泸水务、中持股份、中环环保等。从 2016 年的 1 家到 2017 年的 13 家，在 A 股和 H 股上市的环保 IPO 企业数量激增。

但随着国家对金融风险的严控，在 2017 年下半年，环保企业 IPO 出现新的动向：先有二闯 IPO 的鑫广绿环因发生伤亡 17 人的事故停在了申购前夜。2017 年 12 月 26 日，三达膜环境技术股份有限公司因财务问题首发未通过。2018 年开年，两家冲击 IPO 的企业又遭遇挫折。从大环境来看，IPO 趋严已成大势。前不久，习近平主席在定调 2018 年中国经济的发言中就曾提到，2018 年要打好防范化解重大风险攻坚战，重点防控金融风险，要服务于供给侧结构性改革这条主线，促进形成金融和实体经济、金融和房地产、金融体系内部的良性循环，做好重点领域风险防范和处置，坚决打击违法违规金融活动，加强薄弱环节监管制度建设。事实上这股“严控风”已然到来。

五、环境治理走向系统化，市场细分机会与挑战同在

2017 年，受政策大环境的影响，我们看到，环境治理不断走向系统化，体现在：一是环境治理正从重指标转向重效果，在重投资的同时也更加重运营，效果导向和绩效考核成为环境治理的关键。垃圾焚烧领域的“装树联”行动，以及全国各地的强制垃圾分类，都是试图从治理前端和运营公开角度来破局

后端治理，强化效果提升。二是环境治理需求正从末端治理向全产业链延伸，从城市向农村扩展。一些之前不够重视实际上效果需求刚性的领域开始引发高度重视，比如危废治理。一些可以整合的环节被挖掘释放，环卫一体化成为市场热点。一些被忽视的角落要促进发展，比如农村环境治理等等。而作为排污大户的工业领域，也成为2017年的环保督察重点，绿色转型压力巨大，环保提升空间巨大。

诸如此类细分领域的崛起，是2017年的市场亮点，在这些新兴的细分领域中，2017年环保产业收获颇丰。垃圾分类领域，宁波市不仅成为国内首个利用世界银行贷款进行生活垃圾分类的城市，同时也是首个将世行贷款完整成功地嵌入PPP项目的案例。该项目被列入财政部第二批示范项目，也是世行在我国的第一个以PPP模式实施落地的厨余垃圾处理项目。

同时，2017年环卫、危废等新兴市场空间不断释放。不少企业纷纷开足马力抢滩登陆。如碧水源、东方园林、高能环境、永清环保等，抓住机遇布局危废市场的同时，亦有北控水务、侨银、启迪桑德、首创环境、锦江环境等企业紧盯环卫蛋糕，在全国各地签约项目。此外，更多的环卫一体化项目也在2017年陆续上马落地，产业呈现一片欣欣向荣的景象。

而在工业领域，E20环境平台依托其在环保领域的政策、企业研究优势，从城市发展的角度，着眼于企业绿色转型，与邯郸、东莞等地合作，助力工业环境治理，并取得初步进展。

第二十章　2018年中国工业节能减排领域发展形势展望

2017年，我国工业经济发展呈现企稳回升态势，工业节能减排目标任务基本完成，环境质量继续改善，“十三五”工业节能减排工作按计划有序推进。展望2018年，工业经济发展有望继续保持平稳增长态势，节能减排压力略有反弹，各项节能减排工作仍将有序推进。

第一节　对2018年形势的基本判断

一、工业经济保持平稳增长，工业能耗和污染物排放预计继续下降

进入2018年，工业经济增长有望继续保持平稳增长态势，工业能源消费总量继续保持低速增长，单位工业增加值能耗有望继续下降，但降幅可能收窄。首先，根据国务院《“十三五”节能减排综合性工作方案》的总体部署，按照工业和信息化部发布的《工业绿色发展规划（2016—2020年）》的具体安排，工业节能领域关于结构性节能、技术性节能、管理性节能的具体措施将逐步落实到位，随着这些新措施效果的显现，2018年工业节能目标任务的完成有了政策层面的保障。其次，工业生产的回暖将带动工业能源消费需求同步回升（见图1），尽管能源消费总量将继续保持增长态势，但单位工业增加值能耗大幅反弹、难以控制的局面不会出现。2017年以来，受益于国家供给侧结构性改革持续推进，全年工业产能利用率为77%，比上年提高3.7个百分点，为近五年来最高水平。其中，钢铁、煤

炭领域产能利用率延续上年下半年以来的回升态势。但2018年，在国内外市场需求保持总体稳定的情况下，高耗能产品产量大幅反弹的可能性不大，工业能源消费总量不会迅速增加，单位工业增加值能耗下降速度可能减缓，但仍然处于下降区间。

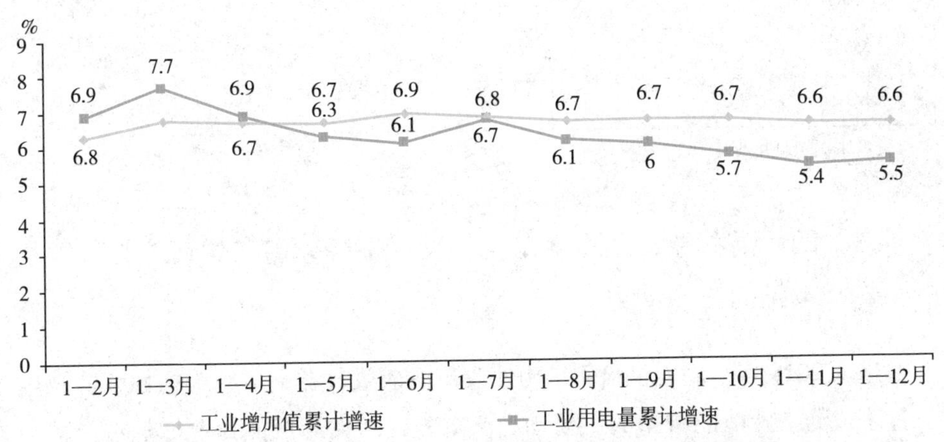

图20－1　2017年我国规模以上工业增加值增速和工业用电量增速

资料来源：国家统计局、国家能源局、中国电力企业联合会。

进入2018年，在高污染行业增长有限和“散乱污”企业环保整治、重点行业错峰生产深入推进的情况下，主要污染物排放总量将继续保持下降态势。首先，国务院发布的《“十三五”生态环境保护规划》将深入推进落实，大气、水、土壤污染防治行动计划的实施力度有增无减，“散乱污”企业的环境整治、重点行业错峰生产等新措施将继续推进，对重点地区、流域、行业将会实行更加严格的污染物排放总量控制。其次，工业源污染物排放占排放总量的比重仍然保持高位，二氧化硫、氮氧化物、烟粉尘（主要是PM10）排放量分别占全国污染物排放总量的90%、70%和85%左右，工业是主要污染物减排的重点也是难点，随着总量减排、环境监管等措施的深入推进，工业领域主要污染物排放必将延续下降态势（见表20－1）。

表 20－1　2017 年全国 74 个城市主要污染物排放情况

污染物种类	2016 年 1—9 月平均浓度（μg/m³）	2017 年 1—9 月平均浓度（μg/m³）	同比变化
PM2.5	45	36	－20.0%
PM10	80	65	－18.8%
NO_2	28	33	＋17.8%
SO_2	28	14	－50.0%

资料来源：环境保护部。

二、四大高载能行业用电量比重继续下降，结构优化成为节能减排的主要动力

进入 2018 年，随着供给侧结构性改革的成效日益显著，结构性节能减排已逐步成为工业节能减排的主要动力。首先，四大高载能行业能耗占全社会能耗的比重有望在 2018 年继续保持小幅下降态势。2012 年以来，化工、建材、钢铁和有色金属等四大高载能行业能源消费量占全社会的比重一直保持下降态势，平均每年下降近 1 个百分点；2017 年前三季度，四大行业用电量占全社会用电总量的比重为 28.5%，比上年同期下降了约 0.8 个百分点，延续了“十二五”以来用能结构优化调整的势头。其次，工业经济结构有望继续改善。2017 年以来，在供给侧结构性改革的推动下，工业领域供给体系的质量持续改善，先进的制造业等先进产能加快发展。新产业新产品蓬勃发展，战略性新兴产业增加值比上年增长 11.0%，增速比规模以上工业快 4.4 个百分点；工业机器人产量比上年增长 68.1%，新能源汽车产量同比增长 51.1%。同时，落后产能也在逐渐退出，全年的煤炭和钢铁的去产能任务已经超额完成，1.4 亿吨“地条钢”产能出清。最后，工业经济发展的新增长点、新动能正在形成。1—12 月份，高技术制造业、装备制造业投资比上年分别增长 17.0% 和 8.6%，同比分别加快 2.8 和 4.2 个百分点，而高耗能制造业投资比上年下降 1.8%。

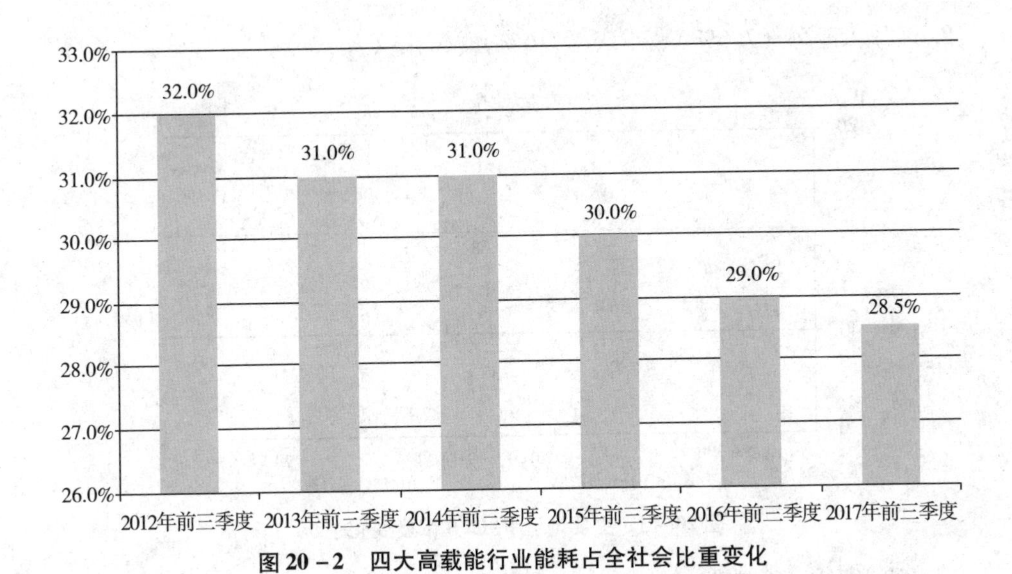

图 20－2　四大高载能行业能耗占全社会比重变化

资料来源：中国电力企业联合会。

三、重点区域环境质量继续改善，西部地区工业节能形势较为严峻

2018 年，京津冀、长三角、珠三角等重点区域主要污染浓度将保持下降，环境质量有望继续改善。根据环保部发布的监测数据，2013 年以来，京津冀、长三角、珠三角等区域的 PM2.5 浓度总体保持下降态势，与 2013 年相比，三个区域 2017 年 1—9 月 PM2.5 浓度从 98μg/m^3、65μg/m^3、47μg/m^3 下降到 52μg/m^3、30μg/m^3、30μg/m^3，降幅为分别为 47%、54% 和 36%。随着《大气污染防治行动计划》后续措施逐步落实，尤其是“散乱污”企业治理和重点行业错峰生产的强力推进，京津冀、长三角地区的环境质量有望继续改善，而珠三角地区的环境质量将继续保持在较好的水平。同时，我国各地区能源消费走势分化越来越明显，尤其是西部地区能源消费可能快速增长，其节能形势较为严峻。2017 年 1—11 月，全国各省份全社会用电量均实现正增长。其中，全社会用电量增速高于全国平均水平（6.5%）的省份有 15 个，其中西部地区占了绝大多数，包括：西藏（17.9%）、宁夏（11.8%）、贵州（11.6%）、内蒙古（10.9%）、新疆（10.8%）、陕西（9.7%）、甘肃

(8.6%)、青海(7.6%)、重庆(7.6%)、云南(7.3%)等。

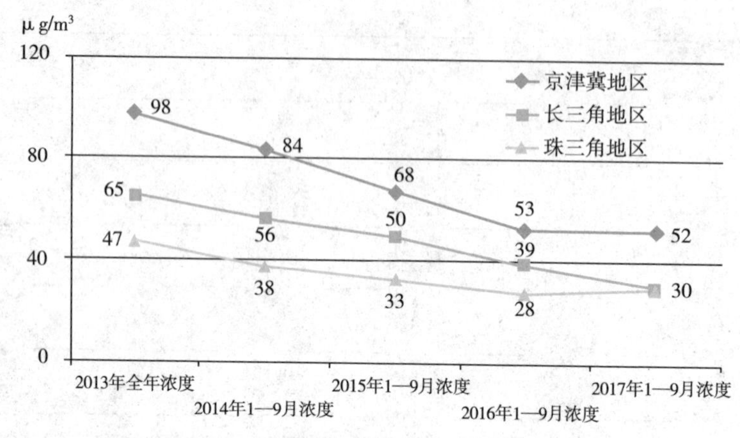

图 20－3　主要地区 PM2.5 浓度变化情况

资料来源：环境保护部。

四、工业绿色发展综合规划深入实施，绿色制造体系建设将取得阶段性进展

2018 年，我国第一个工业绿色发展综合性规划《工业绿色发展规划(2016—2020 年)》(以下简称《规划》)的落实将深入推进，包括绿色产品、工厂、园区和供应链等要素在内的绿色制造体系建设将取得阶段性进展，形成全面推进绿色发展的工作格局。《规划》提出“十三五”期间要培育百家绿色设计示范企业、百家绿色园区、千家绿色工厂、推广万种绿色产品，截至目前，绿色设计试点企业已有 99 家，基本完成“十三五”目标任务；首批已公布的绿色制造示范名单中，包括 203 家绿色示范工厂、193 种绿色设计产品、24 家绿色园区和 15 家绿色供应链管理示范企业，绿色制造体系建设工作取得明显进展。同时，为加快实施《绿色制造工程实施指南(2016—2020)》，财政部、工业和信息化部正式发布了《关于组织开展绿色制造系统集成工作的通知》(财建〔2016〕797 号)，利用中央财政资金引导和支持绿色设计平台建设、绿色关键工艺突破、绿色供应链系统构建等三个方向的示范项目，截至目前共计 225 个项目获得了资金支持，范围覆盖了机械、电子、食品、纺织、化工、家电等重点工业行业。

五、节能环保产业支持政策将更加强化，产业将保持较快发展势头

2018年，“十三五”节能环保产业发展有关规划的落实将深入推进，促进节能环保产业提速发展的政策措施将更加强化，产业将保持较快发展势头。首先，培育和发展节能环保产业将提升到新的政策高度。“十二五”以来，我国把节能环保产业作为战略性新兴产业进行培育和发展，产业一直保持至少10%以上的年均增速；党的十九大报告明确提出要进一步壮大节能环保、清洁能源、清洁生产等绿色产业，大力发展绿色低碳经济。其次，《“十三五”节能环保产业发展规划》的贯彻落实将深入推进，各项措施将逐步落实到位。《规划》针对促进产业规模持续扩大、技术水平大幅提升、产业集中度提高、市场环境不断优化等方面提出了一系列具体的措施，这些新措施将在2018年取得进一步成效，从而保障节能环保产业健康、快速发展。最后，党的十九大报告提出到2035年要实现生态环境质量根本好转的战略目标，随着生态文明建设战略的深入推进，绿色发展和环境保护的措施必将进一步强化，节能环保产业发展的外部需求将进一步扩大，市场前景不可限量。

第二节　需要关注的几个问题

一、警惕单位工业增加值能耗反弹

首先，工业能源消费增速可能保持近年来的较高水平。回顾2017年，受去产能、去库存等供给侧结构性改革深入推进影响，我国工业能源消费呈现“前高后低”走势，其增速一直处于近年来的较高水平。进入2018年，随着供给侧结构性改革的深入推进，钢铁、有色金属等原材料行业产能利用率进一步回升，工业能源消费增速可能一直保持高位运行。其次，受供给过剩和下游需求不足导致的供需矛盾尚未根本性缓解、产品价格进一步回升压力较大等因素的影响，工业企业融资难、成本高等问题依旧存在，导致企业节能减排内生动力依然不足，仍无力承担节能环保技术改造带来的成本上升。最

后，工业领域绿色生产方式的形成仍需时日。尤其是基础制造工艺绿色化水平亟待提升，产品（零件）制造精度低，材料及能源消耗大。这些因素叠加在一起，可能会在某个阶段造成单位工业增加值能耗反弹的情况。

二、西部地区节能减排形势不容乐观

西部地区多数省份工业结构以重工业为主，2017 年以来，随着市场供求关系好转，西部地区高耗能行业呈现恢复性增长，这种态势可能延续到 2018 年。同时，西部地区 2017 年新开工和投产了大批重大工程和项目，例如，新疆 2017 年公路建设计划开工项目 2933 个、总投资超过 7500 亿元，拉动水泥等高耗能行业大幅增长；宁夏神华宁煤集团世界最大煤制油项目 400 万吨/年煤炭间接液化示范项目建成投产，宁夏钢铁集团 60 万吨高线项目 6 月 21 日建成投产；内蒙古 2017 年预计新开复工亿元以上工业项目 1000 个，投产亿元以上工业项目 310 个。随着一大批重大工程和高耗能项目的开工建设和投产，必将拉动西部地区钢铁、建材等“两高”行业快速增长，西部地区节能减排压力将继续加大。

三、节能减排科技创新能力难以满足需求

首先，节能减排科技创新的投入不足，原始创新能力比较薄弱。在能源高效低碳化利用、生产过程清洁化、资源循环利用等方面缺乏原创性技术；支撑绿色制造体系建设的基础数据库、评价与管理等共性技术和工具亟待加强。其次，传统工业的节能减排新工艺创新难度不断加大，企业创新主体地位尚未形成。以企业为主体的绿色科技创新平台建设，受到企业规模、运作机制等因素的影响，存在人才队伍不稳定、基础共性技术研发不足等问题。最后，节能减排新技术推广应用尚需加强，工业绿色发展标准体系亟待完善。绿色科技创新成果转化受到市场信息不对称、技术风险等方面的制约，科技成果转化率较低；同时，缺少适合于不同行业和地区的绿色发展标准，尚待完善强制性标准、优化推荐性标准、培育产业联盟标准，现有标准的国际化水平不高。

四、错峰生产措施需进一步细化

为做好冬季采暖期及重大节日、活动等重点时段空气质量保障工作，京津冀及周边地区的“2+26”城市积极组织开展工业企业错峰生产工作。随着错峰生产工作的全面展开，京津冀及周边地区的环境质量明显改善，但也面临一些因素的制约。一是保障民生问题。特别是原料药行业，部分药品生产周期长、季节选择性强，采暖季实施停产可能无法满足市场需求。二是存在安全生产隐患。如石化行业，冬季错峰生产或限产停产对安全生产造成不利影响，要采取措施确保大气污染防治任务完成的同时保障安全生产。三是“一刀切”在一定程度上不利于环保“优胜劣汰”。目前，实施行业错峰生产主要依据产能情况，尚未根据排污水平优劣进行细分和差别化对待，排污少的优质产能与劣质产能实行相同的限停产政策。

第三节　应采取的对策建议

一、强化工业节能的监督和管理

一是加强工业能源消费情况的跟踪管理，分析可能造成单位工业增加值能耗反弹的潜在因素，及时提出应对措施，确保全年工业节能目标任务圆满完成。二是尽快修订高耗能产品能耗限额标准，提高标准的限定值及准入值；同时，严格新上项目的能评环评，要加强工业投资项目节能评估和审查，把好能耗准入关，做好固定资产投资项目节能评估和审查，同时加强能评和环评审查的监督管理，严肃查处各种违规审批行为。三是围绕《绿色制造工程实施指南（2016—2020）》和《关于开展绿色制造体系建设的通知》的具体要求，加快推进绿色制造体系建设，促进绿色生产方式的形成。

二、研究制定西部地区差异化的节能减排政策

一是总体谋划分区域的节能减排政策。充分考虑东部、中部与西部的地

区差异，在淘汰落后产能、新上项目能评环评以及节能减排技改资金安排等方面，研究制定区域工业节能减排差异化政策。二是加强对西部地区工业能源消费情况的监督管理，尤其针对那些能源消费增速较快、重化工业比重偏高的省份，及时分析制约其工业节能目标任务完成的因素，加强指导和监督。三是加快推进西部地区工业绿色转型，加快发展绿色工业。结合国家西部大开发和“丝绸之路经济带”建设，强化新上项目能评环评，加快推进西部地区工业结构调整和产业转型升级；做强西部地区特色和优势工业，大力开发高附加值产品，延伸补充产业链，实现原材料行业的初级加工向精深加工转变；发挥西部地区能源和资源优势，大力发展分布式智能电网，提升风电、水电等清洁能源利用水平。

三、加快推动绿色科技创新及其成果转化

一是鼓励支撑工业绿色发展的共性技术研发。按照产品全生命周期理念，以提高工业绿色发展技术水平为目标，加大绿色设计技术、环保材料、绿色工艺与装备、废旧产品回收资源化与再制造等领域共性技术研发力度。二是支持绿色制造产业核心技术研发。面向节能环保、新能源装备、新能源汽车等绿色制造产业的技术需求，加强核心关键技术研发，构建支持绿色制造产业发展的技术体系。三是要加快传统产业绿色化改造关键技术研发。围绕钢铁、有色、化工、建材、造纸等行业，以新一代清洁高效可循环生产工艺装备为重点，结合国家科技重大工程、重大科技专项等，突破一批工业绿色转型核心关键技术，研制一批重大装备，支持传统产业技术改造升级。四是鼓励创新成果转化，增加绿色科技成果的有效供给，发挥科技创新在工业绿色发展中的引领作用。

四、细化优化错峰生产配套政策措施

首先，加快推进产业结构优化调整，降低错峰生产带来的总体影响。指导“2+26”城市加大钢铁等重点行业化解过剩产能力度，争取提前完成全年任务；强化能耗、环保、质量、安全、技术等指标，依法依规加快不达标产能退出市场；加大对“2+26”城市大气污染防治工作的支持力度，综合运用

财政、税收、金融等政策，调整产业结构，优化产业布局。同时，鼓励地方设立、完善化解过剩产能配套的支持政策，增强企业去产能积极性。其次，加快完善错峰生产配套政策措施。研究制定原料药行业错峰生产实施方案，在满足民生需求的前提下合理调整原料药生产计划。加强对重点城市水泥、铸造、砖瓦窑、钢铁、电解铝、氧化铝、碳素等企业错峰限停产工作的指导、监督、落实，防范安全生产风险，督促地方更好地开展错峰生产。

附录：2017年工业节能减排大事记

2017年1月

2017年1月10日

2017年中国工业节能服务产业联盟年会在京召开

为推动工业节能服务产业健康发展，增强中国工业节能服务产业联盟的凝聚力和影响力，工业和信息化部节能与综合利用司于2017年1月10日在北京指导召开了“中国工业节能服务产业联盟年会”。部党组成员、副部长辛国斌会见了与会代表。部国际经济技术合作中心负责同志，联盟成员单位、行业协会、科研机构及工业企业等代表参加了此次会议。辛国斌副部长对联盟成立以来所进行的工作，特别是“节能服务进企业”活动的顺利开展，给予了充分肯定。希望联盟在促进工业企业能效提升的工作中，发挥更积极的作用。

2017年1月20日

工信部发布《关于做好甲醇汽车试点验收准备工作的通知》

工信部决定对完成甲醇汽车试点运营的试点城市组织开展验收工作，要求试点城市抓紧做好本地区试点验收前期各项准备工作，并及时提出正式验收申请。

《通知》要求，各试点城市在试点运营工作结束后，应按要求抓紧完成各项相关检测工作，对试点采集技术数据进行全面汇总整理和分析，尽快做好验收前期各项准备工作。参与甲醇汽车试点工作的甲醇汽车制造与运营、燃料供应与加注、数据采集等单位，分别完成本单位试点工作总结报告。试点城市工业和信息化主管部门牵头组织编制完成试点总体工作总结报告。上海、长治、西安、宝鸡、榆林等已完成试点运营工作的城市，请于2017年3月底前向所在地省级工业和信息化主管部门正式提出验收申请。其他试点城市请在完成试点运营工作后1个月内，向所在地省级工业和信息化主管部门提交正式验收申请。

《通知》指出，甲醇汽车试点地区省级工业和信息化主管部门收到试点城市工业和信息化主管部门提交的正式验收申请后，抓紧组织专家对试点工作进行现场验收，对试点总体工作进行审议和评定，形成预验收意见，完成预验收。在完成预验收后1个月内，向工业和信息化部（节能与综合利用司）提出正式验收申请。

2017年2月

2017年2月23日

“高效节能磁悬浮离心式鼓风机”科技成果鉴定会在天津召开

工业和信息化部组织的“高效节能磁悬浮离心式鼓风机”科技成果鉴定会在天津召开。工业和信息化部科技司、节能与综合利用司有关负责同志，以及鉴定委员会专家、成果研制单位和用户企业代表参加了会议。

经过现场考察、资料审查、质询答辩等环节，专家委员会深入了解了亿昇（天津）科技有限公司“高效节能磁悬浮离心鼓风机”产品的设计和制造过程。专家委员会一致认为：该成果的产品已得到批量应用，运行可靠，节能效果明显，满足环保、能源等行业节能减排的需求，相关产品及技术达到国际先进水平，其中磁悬浮离心式鼓风机单机功率及系统效率国际领先，建议进一步加强推广，扩大应用范围。

2017年3月

2017年3月3日

工信部印发《国家涉重金属重点行业清洁生产先进适用技术推荐目录》

为贯彻落实《中国制造2025》和《土壤污染防治行动计划》，鼓励采用先进适用的清洁生产技术，从源头削减控制重金属的产生，减少重金属对环境造成的污染，工信部印发《国家涉重金属重点行业清洁生产先进适用技术推荐目录》。《国家涉重金属重点行业清洁生产先进适用技术推荐目录》共24项，涉及烟气治理、废水处理等，对于治理重金属污染将发挥积极作用。

2017年3月10日

工业和信息化部印发《2017年工业节能监察重点工作计划》

3月10日，工信部发布《2017年工业节能监察重点工作计划》，将按照国家节能减排、化解过剩产能、阶梯电价等重大政策部署，依据强制性节能标准，推进重点行业、重点区域能效水平提升，突出抓好重点用能企业、重点用能设备的节能监管等工作，实施重大工业专项节能监察。

该计划的监察重点是：2016年违规企业整改落实情况，钢铁企业能耗，建材行业能耗限额标准及阶梯电价政策执行情况，电机能效提升，工业锅炉能效提升等。

2017年3月22日

住房和城乡建设部国家发展改革委通报命名南通市等10城市为第八批（2016年度）国家节水型城市

为贯彻落实《全民节水行动计划》（发改环资〔2016〕2259号），依据《国家节水型城市申报与考核办法》和《国家节水型城市考核标准》（建城〔2012〕57号）的规定，经材料预审、现场考核、综合评审及公示通过后，住房和城乡建设部会同国家发展改革委通报命名了南通市等10个城市为第八批（2016年度）国家节水型城市。

2017年4月

2017年4月15日

第十届中国金属循环应用国际研讨会在天津市召开

2017年4月15日，由中国钢铁工业协会、中国废钢铁应用协会主办的第十届中国金属循环应用国际研讨会在天津市召开。中国循环经济协会、中国有色金属工业协会、国际回收局、美国回收学会等国内外机构代表以及全国重点钢铁企业、废钢铁加工企业领导和专家400多人参加了会议。本次大会就废钢铁行业“十三五”发展新机遇、废钢和废有色金属市场走势、废金属加工和应用技术等议题进行了深入研讨。工业和信息化部、国家发展改革委等部委有关领导出席了本次会议。

工业和信息化部节能与综合利用司李力巡视员指出，废钢铁作为钢铁生产的重要原料，具有良好的资源环境效益，大力推进废钢铁高效循环利用，既是钢铁工业自身实现转型升级和绿色发展的内在需求，也是缓解资源环境约束的有效途径。强调工业和信息化部将继续加大相关工作力度，进一步加强废钢铁等再生资源综合利用行业规范管理，强化动态监管，逐步完善行业信息管理与服务体系，积极营造有利于行业发展的政策环境，推动废钢铁等再生资源综合利用产业规范化、专业化、规模化发展。

2017 年 4 月 18 日

工业和信息化部办公厅开展 2017 年度工业节能技术装备推荐及“能效之星”产品评价工作

为贯彻落实《中国制造 2025》（国发〔2015〕28 号）、《工业绿色发展规划（2016—2020 年）》（工信部规〔2016〕225 号），鼓励工业节能技术装备产品的绿色生产和绿色消费，引导和推动高效节能技术装备的推广应用，工信部将继续组织推荐一批国家鼓励发展的工业节能技术装备，并启动 2017 年度“能效之星”产品评价工作。

本年度申报的工业节能技术装备，是指符合国家法律法规、产业政策、技术政策和相关标准要求，满足当前和今后一个时期我国节能减排市场需求、能效水平先进、节能经济性好、社会效益显著的技术和装备。

“能效之星”产品是指在节能产品的基础上，与同类产品相比能效领先的量产产品。开展“能效之星”产品评价，突出好中选优，是鼓励节能技术创新、实现产品能效领先的重要举措。“能效之星”产品分为终端消费类产品和工业装备类产品。

2017 年 4 月 19 日

中国高效节能装备产业发展联盟在京成立

为进一步推进高效节能装备产业发展，由机械工业节能与资源利用中心、中信重工机械股份有限公司联合相关装备制造企业发起组建了中国高效节能装备产业联盟，并于 2017 年 4 月 19 日在京召开成立大会暨节能装备论坛。会议审议通过了联盟《章程》，选举产生了联盟第一届理事会班子。节能与综合利用司副司长王燕出席会议并致辞。

王燕副司长在致辞中指出，工业和信息化部始终把推进节能装备产业作为落实工业绿色发展理念的重要抓手。联盟的成立为加强节能装备制造企业和相关机构、重点用能行业等各个层面的交流合作提供了一个很好的平台，希望积极发挥联盟作用，把握发展重点、创新发展思路，努力培育好节能装备产业。

2017 年 4 月 28 日

工业节能与绿色发展评价中心工作座谈会在京召开

4 月 28 日，工信部节能与综合利用司在京组织召开了工业节能与绿色发展评价中心工作座谈会。有关行业协会、首批 35 家工业节能与绿色发展评价中心负责人参加了会议。

会上，节能与综合利用司有关同志介绍了开展工业节能与绿色发展评价中心推荐工作的重要意义、工作目标和总体设想。各评价中心负责人各自介绍了已开展的主要工作及成效、遇到的问题、对评价中心长期发展的建议。会上，大家围绕提升支撑能力、提高服务水平，加强经验交流和相互学习等内容进行了热烈讨论。

2017 年 5 月

2017 年 5 月 4 日

国家发展改革委等 14 个部委联合印发了《关于印发〈循环发展引领行动〉的通知》

为贯彻党的十八届五中全会精神，落实“十三五”规划纲要，国家发展改革委等 14 个部委联合印发了《关于印发〈循环发展引领行动〉的通知》，对“十三五”期间我国循环经济发展工作做出统一安排和整体部署。

2017 年 5 月 18 日

2017 全国电机能效提升产业联盟大会在日照召开

5 月 18 日，2017 全国电机能效提升产业联盟大会在山东日照召开。工业和信息化部节能与综合利用司领导出席会议并讲话，中国工业节能与清洁生产协会、国际铜业协会以及电机企业、用能单位等机构代表参加了会议。

会上，节能司王燕副司长介绍了“十三五”时期推进工业绿色发展的总体部署，重点强调加大新技术新产品推广应用、能耗能效监督执法等工作对于推进工业绿色发展的重要作用。同时，对下一步发挥好联盟作用，加快高效电机产业发展、创新高效电机推广模式、完善电机能效提升机制等提出了希望和要求。参会代表也围绕机械、矿山、建材等领域电机节能技术创新应用，建材行业电机系统改造等方面展开了充分交流。

2017 年 6 月

2017 年 6 月 8 日

第二届制造企业绿色供应链管理论坛在京召开

2017 年 6 月 8 日，为加快打造绿色供应链，推动绿色制造体系建设，促进制造业绿色转型发展，由工业和信息化部国际经济技术合作中心主办的第二届制造企业绿色供应链管理论坛在北京召开。工业和信息化部节能与综合利用司、工业和信息化部国际经济技术合作中心、中国质量认证中心以及电子、汽车等制造企业有关代表参加了会议。

节能与综合利用司有关负责同志介绍了制造业实施绿色供应链管理、建设绿色制造体系的重要意义，以及推进企业落实绿色供应链管理的政策举措。来自行业组织、第三方机构和企业界的代表就绿色供应链管理理论、创新模式及实践案例等议题进行了讨论，论坛发布了“绿色供应链管理体系研究”成果。

2017 年 6 月 13 日

全国低碳日“泰达工业低碳发展”主题活动在天津经济技术开发区举行

6 月 13 日全国低碳日当天，天津经济技术开发区举办了“泰达工业低碳发展”主题活动，宣传工业低碳发展理念及相关政策，展现工业园区低碳发展成果，提升工业企业低碳发展意识。

国家发展改革委应对气候变化司孙桢副司长、工业和信息化部节能与综合利用司王燕副司长分别致辞，指出推进绿色低碳发展已成为国际社会共识，肯定工业低碳发展已经取得的进展，并介绍了下一步应对气候变化工作重点和工业低碳发展的努力方向。

2017 年 6 月 29 日

工业和信息化部加快推进汽车产品绿色设计工作

为深入推进供给侧结构性改革，开发绿色产品，补齐绿色发展短板，促进工业绿色发展，6 月 29 日，中国汽车技术研究中心在北京举办 2017 中国汽车生态设计国际交流会，工业和信息化部节能与综合利用司、国家认监委有关负责人参加了会议。

工业和信息化部节能与综合利用司高云虎在报告中指出，工业和信息化部按照《中国制造 2025》的要求，正在全面推行绿色制造，构建绿色制造体系，在做好节能减排、降本降耗的减法的同时，积极培育绿色发展新动能，做好提质增效的加法。通过强化产品全生命周期管理，加快推进产品绿色设计工作。组织创建绿色设计示范企业，发布 99 家试点企业名单；推进绿色设计产品评价，制定发布 17 项绿色设计产品评价标准，发布两批绿色设计产品名录，遴选 14 类 119 种绿色设计标杆产品。目前，工业和信息化部正在加快推进 50 余项绿色设计产品评价标准制定工作，预计 10 月份将发布一批新的绿色设计产品评价标准。

2017 年 6 月 30 日

工信部下达 2017 年国家重大工业专项节能监察任务的通知

工信部印发《关于下达 2017 年国家重大工业专项节能监察任务的通知》，通知提出，2017 年全国重大工业专项节能监察任务总量为 5689 家，其中钢铁企业能耗限额达标及阶梯电价执行情况专项监察 448 家，水泥企业能耗限额达标及阶梯电价执行情况专项监察 3242 家，平板玻璃企业能耗限额达标情况专项监察 138 家，电机能效提升专项监察 913 家，工业锅炉能效提升专项监察 618 家，电解铝、合成氨、焦炭、电石、铁合金、建筑陶瓷等产品能耗限额标准贯标监察 330 家。安排专项补助经费 3718. 10 万元。通知提出，钢铁、水泥、平板玻璃能耗标准和阶梯电价执行情况专项监察，组织企业提前完成自查报告，及时汇总现场监察情况和监察结果，填报有关表格。电机和工业锅炉能效提升、电解铝等行业能耗限额等内容的专项监察，各地要认真组织监察工作。

2017 年 7 月

2017 年 7 月 20 日

节能与综合利用司召开 2017 年工业清洁生产工作座谈会

2017 年 7 月 20 日，工业和信息化部节能与综合利用司在包头市组织召开了 2017 年工业清洁生产工作座谈会。各省、自治区、直辖市及计划单列市、新疆生产建设兵团工业和信息化主管部门负责清洁生产工作的同志参加了会议。

节能与综合利用司杨铁生副司长出席座谈会并讲话，介绍了当前新常态下的工业清洁生产工作面临的形势，强调了工业绿色发展的重要性和紧迫性，系统地阐述了清洁生产促进工业绿色发展的重要作用和具体路径，并对 2017 年工业清洁生产工作提出了明确的要求。

会议就清洁生产在线培训、加强长江经济带工业绿色发展、推进绿色设计示范企业和绿色产品评价、实施高风险污染物削减行动计划、促进环保装备产业发展、电器电子产品有毒有害物质限制使用以及落实大气、水、土壤污染防治行动计划中有关清洁生产相关工作进行了沟通交流，并就推进工业清洁生产工作再上新台阶进行了深入讨论。

2017 年 7 月 20 日

2017 年全国工业节能监察工作座谈会在京召开

为推动工业等重点领域资源综合利用工作，促进资源高效循环利用，引领形成绿色生产方式和生活方式，2017 年 7 月 20 日，由中国循环经济协会主办的第八届全国省市资源综合利用行业协会工作联席会在上海市召开。工业和信息化部节能与综合利用司李力巡视员出席会议并致辞，强调工业绿色低碳循环发展是生态文明建设的重要内容，将积极构建绿色制造体系，大力提升资源利用效率，通过提升技术装备水平、开展工业资源综合利用基地建设、落实生产者责任延伸制度等手段和措施，推动工业资源综合利用产业规范化、规模化发展。

上海市经信委、宝山区发展改革委有关领导出席会议，全国各省市资源综合利用协会及循环经济协会相关代表参加了会议。会议交流了各地综合利用相关工作，在政策、技术与产品推广、产业发展模式等方面进行了研讨。

2017 年 7 月 27 日

全国省市资源综合利用行业协会工作联席会在沪召开五部委关于加强长江经济带工业绿色发展指导意见

工信部、国家发改委、科技部、财政部、环保部五部委共同发布了《关于加强长江经济带工业绿色发展的指导意见》,《意见》面向上海市、江苏省、浙江省、安徽省、江西省等 11 省市,《意见》提出要进一步提高工业资源能源利用效率，全面推进绿色制造，减少工业发展对生态环境的影响，实现绿色增长。

对于如何加强长江经济带工业绿色发展的举措，从优化工业布局、调整产业结构、推进传统制造业绿色化改造、加强工业节水和污染防治等四个方面提出意见，并给出长江经济带产业转移指南。

2017 年 8 月

2017 年 8 月 22 日

2017 中国青海柴达木绿色循环发展论坛在格尔木举行

2017 年 8 月 22 日，习近平总书记视察青海一周年之际，2017 中国青海柴达木绿色循环发展论坛在格尔木举行。论坛由青海省委、省政府主办，全国政协副主席马培华，青海省委副书记、省长王建军，国家行政学院常务副院长马建堂分别致辞。

工业和信息化部节能与综合利用司副司长王燕出席论坛并作主旨演讲。王燕提出，全面推行绿色制造、实现绿色循环发展，是建设生态文明的必然要求，也是实现工业转型升级、推动形成绿色发展方式的根本途径。近年来，柴达木循环经济试验区坚持绿色循环发展理念，以特色优势资源综合利用为切入点，大力统筹资源集约利用与产业协调发展，取得了明显成效。下一步要更加坚定地走绿色循环低碳发展道路，全面推行绿色制造，加快建设绿色工厂、绿色园区，实现绿色增长。

2017 年 8 月 31 日

环境保护部召开贯彻落实《京津冀及周边地区 2017—2018 年秋冬季大气污染综合治理攻坚行动方案》座谈会

环境保护部 8 月 31 日在京召开座谈会，贯彻落实《京津冀及周边地区 2017—2018 年秋冬季大气污染综合治理攻坚行动方案》及六个配套方案。环境保护部部长李干杰出席会议并讲话。他强调，要提高政治站位，狠抓贯彻落实，坚决打好秋冬季大气污染综合治理攻坚战。

2017 年 9 月

2017 年 9 月 12 日

全国绿色工厂推进联盟成立大会在京召开

为全面创建绿色工厂、加快建设绿色制造体系，2017 年 9 月 12 日，全国绿色工厂推进联盟成立大会在北京召开。工信部节能与综合利用司高云虎司长、中国工程院干勇院士出席会议并讲话，来自工业和信息化部相关司局、中国电子技术标准化研究院、相关研究机构、行业协会和骨干企业的代表参加了会议。

高云虎司长指出，创建绿色工厂是落实绿色制造工程，推进绿色制造体系建设的有力抓手。联盟要凝聚行业组织、企业、第三方服务机构等方面的力量，为企业创建绿色工厂搭建支撑平台。一是要发挥联盟效应，推动企业持续加强绿色化改造，不断从节能节水、清洁生产、资源综合利用等方面提升企业绿色化水平；二是要深化绿色工厂战略研究，完善绿色工厂标准体系，为绿色工厂的建设、运行和评价提供指导；三是要加强绿色先进工艺技术创新交流，提升绿色技术服务能力。

2017 年 9 月 25 日

工业领域煤炭高效清洁利用试点城市经验交流会在陕西韩城召开

为总结交流煤炭高效清洁利用试点城市先行先试以来取得的经验和做法，研究解决存在的问题，深入推进工业领域煤炭高效清洁利用，工业和信息化部节能与综合利用司在陕西省韩城市组织召开了工业领域煤炭高效清洁利用试点城市经验交流会，高云虎司长出席会议并讲话，陕西省工业和信息化厅、试点城市和有关金融、企业、科研院所的代表参加了会议。

高云虎指出，当前工业节能形势严峻，推进煤炭高效清洁利用对完成工业节能减排任务、促进工业绿色发展、改善大气环境质量具有重要意义。这项工作要在前期工作的基础上，抓好以下主要工作。一是要抓好试点示范，梳理总结成功经验，尽快形成可复制、可操作的经验向全国推广。二是要抓好技术创新，在技术、产品、产业上“做文章”“出彩头”。三是要抓好统筹推进，多措并举吸引社会资本投向用煤企业开展节能减排技术改造，积极帮助企业缓解“融资难、融资贵”等困难。四是要抓好工业节能监察，倒逼企业实施技术改造和产业升级，提高企业煤炭高效清洁利用水平。

会上，韩城等 8 个试点城市代表分别进行了经验交流发言，行业专家进行了技术交流，与会人员还实地考察了当地煤炭高效清洁应用典型企业。

2017 年 10 月

2017 年 10 月 9 日

工业和信息化部办公厅关于推荐 2017 年第二批绿色制造体系建设示范名单的通知

为贯彻落实《中国制造 2025》《工业绿色发展规划（2016—2020 年）》《绿色制造工程实施指南（2016—2020 年）》，加快推动绿色制造体系建设，打造一批绿色制造先进典型，引领相关领域工业绿色转型，根据《工业和信息化部办公厅关于开展绿色制造体系建设的通知》（工信厅节函〔2016〕586 号）要求，开展第二批绿色制造体系建设示范名单推荐工作。

2017 年 10 月 12 日

水泥行业落实《绿色制造工程实施指南》、推动绿色发展大会在河北邯郸召开

2017 年 10 月 12 日，中国水泥协会在河北邯郸召开主题为“实施绿色制造，发展绿色工厂”的贯彻《绿色制造工程实施指南》、推动水泥工厂绿色发展大会。河北省政协副主席段惠军，工业和信息化部节能与综合利用司、河北省政府、邯郸市政府有关负责同志，以及全国水泥企业代表共 200 余人参会。

工业和信息化部节能与综合利用司有关负责同志指出，为贯彻落实《中国制造2025》，加快推动生产方式绿色化，工信部印发了《绿色制造工程实施指南》，提出以企业为主体，以标准为引领，以绿色工厂创建等为重点，加强示范引导，全面推进绿色制造体系建设。水泥行业通过落实各项绿色标准，加快节能环保先进适用技术推广应用，绿色发展水平得到了显著提升，绿色工厂创建成果较为突出。近日，12家优秀水泥企业入围了首批绿色制造示范企业名单，得到社会广泛关注与赞扬。

会上，各位专家、代表围绕水泥行业绿色工厂创建以及水泥窑协同处置等内容展开了热烈的交流与讨论，共同为水泥行业节能与绿色发展出谋划策。

2017年11月

2017年11月30日

新能源汽车动力蓄电池回收利用工作座谈会在京召开

2017年11月30日，工业和信息化部节能与综合利用司会同装备工业司，在北京市组织召开新能源汽车动力蓄电池回收利用工作座谈会，研究推动新能源汽车动力蓄电池回收利用工作。北京市等23个省、自治区、直辖市和计划单列市工业和信息化主管部门相关负责同志及行业有关专家参加了会议。会议由节能与综合利用司李力巡视员主持。

会上，各省市工业和信息化主管部门参会人员介绍了本地区新能源汽车动力蓄电池回收利用情况，对《新能源汽车动力蓄电池回收利用试点实施方案》进行了研究讨论，并就下一步推进相关工作提出了意见和建议。

李力巡视员在会议总结中提出，推进新能源汽车动力蓄电池回收利用，不仅有利于保护环境和社会安全，提高资源循环利用水平，而且有利于促进我国新能源汽车产业健康发展。工业和信息化部会同有关部门已起草完成了《新能源汽车动力蓄电池回收利用管理暂行办法》，组织编制了试点实施方案，开展了相关技术标准研制工作，建立了新能源汽车动力蓄电池回收利用溯源管理信息系统。他强调，各地方工业和信息化主管部应高度重视，加强统筹协调，结合本地区的实际情况，鼓励和支持汽车生产企业、电池生产企业和综合利用企业加强紧密协作，构建新能源汽车动力蓄电池回收利用体系，积极推动探索经济性强、多样化、可复制的回收利用模式。

2017年11月23日

2017全国废钢铁大会在长沙召开

为推动废钢铁资源的高效合理利用，提高废钢铁综合利用水平，助力钢铁工业绿色发展，2017年11月23日，2017全国废钢铁大会在长沙召开。中国工程院院士殷瑞钰，工业和信息化部节能与综合利用司、国家发展改革委环资司、中国钢铁工业协会、中国金属学会、中国循环经济协会的代表参加了会议。

工业和信息化部节能与综合利用司巡视员李力出席会议并发言，指出我国目前炼钢的废钢比仍较低，未来发展空间巨大，要进一步强化行业管理，加强对已公告准入企业的监管，培育龙头企业，推动加工配送企业集团化发展；进一步强化行业发展的基础工作，加快推进产业信息化管理；积极营造行业发展的环境，推进废钢产业链标准化管理。

会议总结了2017年以来废钢铁行业的运行情况、废钢铁消耗的相关情况，分析了行业发展面临的问题，对废钢铁行业发展的前景进行了展望。

2017年11月27日

国家发展改革委环资司召开专题会议部署推进能耗在线监测系统建设

11月27日，国家发展改革委环资司与国家质检总局计量司在江西省赣州市召开专题会议，部署推进重点用能单位能耗在线监测系统建设。环资司副司长王善成、国家质检总局质量司副司长张益群出席会议并讲话。各省（区、市）节能主管部门、计量主管部门相关处室负责人，国家信息中心、国家节能中心、国家质检总局信息中心、中国计量科学研究院、中国标准化研究院等单位的专家参加了会议。

会议指出，建设重点用能单位能耗在线监测系统是贯彻落实党的十九大精神、推进生态文明建设的具体体现，是政府部门加强节能管理、用能单位实现节约增效的需要。会议强调，各地区要加强组织领导，落实建设责任，统一技术标准，做好数据对接，加快建设能耗在线监测系统，为生态文明建设发挥更大的支撑作用。

2017 年 11 月 29 日

2017 年度高耗能行业能效“领跑者”遴选工作启动会在京召开

11 月 29 日，工业和信息化部会同国家发展改革委、国家质检总局在京召开 2017 年度高耗能行业能效“领跑者”遴选工作启动会。有关行业协会、中央企业及 2016 年度高耗能行业能效“领跑者”企业代表等参加了会议。

实施高耗能行业能效“领跑者”制度是落实《中国制造 2025》，强化工业节能标准化工作，推动工业能效持续提升，促进工业绿色发展的重要手段。2016 年，三部委在乙烯、合成氨、水泥、平板玻璃、电解铝等行业开展了首批高耗能行业能效“领跑者”遴选，树立了行业标杆。本次会议系统总结了 2016 年通过推动广大企业开展能效对标达标、带动重点行业能效持续提升的效果，解读了《关于组织开展 2017 年高耗能行业能效“领跑者”遴选工作的通知》（工信厅联节〔2017〕635 号），对 2017 年度遴选工作提出了要求。与会代表围绕加强能效“领跑者”宣传推广、开展能效对标达标活动、推动重点行业企业实施节能技术改造等进行了充分交流。

2017 年 11 月 30 日

工业节水技术交流会在苏州召开

为落实最严格水资源管理制度，贯彻《工业绿色发展规划（2016—2020 年）》相关要求，总结交流重点行业节水工作经验，加快先进节水工艺、技术和装备推广应用，推动工业用水效率提升，2017 年 11 月 30 日，中国工业节能与清洁生产协会节水与水处理分会在江苏省苏州市组织召开了工业节水技术交流会。来自国内外相关研究机构、企业的十位专家在此次交流会上作了主题发言，介绍了工业节水领域的相关政策、技术、标准等方面内容。节能与综合利用司副司长王燕出席会议并讲话。王燕指出，推动工业节水治污对实现绿色发展具有重要作用，工业要主动适应新常态，把绿色低碳循环发展作为转型提升的核心任务，强化工业领域节水工作，落实最严格水资源管理制度，缓解我国水资源水环境问题。会上，中国工业节能与清洁生产协会节水与水处理分会联合赛迪研究院发布了《中国工业节水产业发展年度报告》并做了解读。

2017 年 12 月

2017 年 12 月 1 日

《中国工业绿色发展报告（2017）》在京发布

2017 年 12 月 1 日，由工业和信息化部节能与综合利用司组织编写的《中国工业绿色发展报告（2017）》（以下简称《报告》）在北京正式发布。《报告》系统总结了我国推进工业节能与绿色发展的主要工作及进展，是我国工业领域第一部全面梳理总结工业绿色发展进程的重要资料，集中展示了我国推进工业绿色发展的实践经验和积极成效。《报告》包含大量行业及地方数据，是社会各界把握绿色发展国内外形势的重要指引，能够为工业战线提供重要参考。

《报告》系统阐述了有关行业绿色发展基本情况和取得的成效；区域篇全面总结了 31 个省（区、市）推进工业绿色发展的重点工作和目标完成情况。

《报告》已由北京师范大学出版社出版发行。

2017 年 12 月 5 日

国家发展改革委、国家海洋局联合印发《海岛海水淡化工程实施方案》

为贯彻落实《中华人民共和国国民经济和社会发展第十三个五年规划纲要》提出的 165 项重大工程中“实施海岛海水淡化示范工程”要求，推动海水淡化规模化应用，积极推进《全国海水利用“十三五”规划》《节水型社会建设“十三五”规划》的实施，引导海水利用快速健康发展，国家发改委和国家海洋局组织编制了《海岛海水淡化工程实施方案》，并印发通知，要求各地区、各有关部门根据实施方案要求，确保各项任务措施落实。

2017 年 12 月 8 日

2017 中国国际节能环保技术装备展示交易会暨中国（成都）国际绿色产业博览会在成都举办

为贯彻落实党的十九大精神，深入实施《中国制造 2025》《工业绿色发展规划（2016—2020 年）》，加快推进绿色产业发展，12 月 8—10 日，由工业和信息化部、四川省人民政府作为指导单位，中国工业节能与清洁生产协会、四川省经济和信息化委员会、成都市人民政府主办的“2017中国国际节能环保技术装备展示交易会暨中国（成都）国际绿色产业博览会”在成都成功举办。展会开幕期间举办了“2017绿色工业发展高峰论坛”。全国政协常委、经济委员会副主任李毅中，国家应对气候变化专家委员会主任刘燕华，以及中国工程院院士、清华大学环境学院院长贺克斌等围绕工业绿色发展主题分别作了演讲。

工业和信息化部节能与综合利用司高云虎司长出席会议并讲话。他指出，全面推行绿色制造，发展壮大绿色制造产业，是落实党的十九大精神、新发展理念和《中国制造2025》的重大举措，有利于补齐绿色发展短板、加快培育发展新动能，推动绿色增长。他强调，要以党的十九大精神为指引，深入落实绿色发展理念和供给侧结构性改革要求，强化规划引导和标准引领，加强技术创新和模式突破，加快推进制造业绿色化改造，积极推广节能环保先进技术，加快构建绿色低碳循环的工业体系。

展会期间还举办了绿色制造示范工作经验交流会、绿色装备制造助推“一带一路”交流合作沙龙、四川省绿色制造产业发展机遇与挑战高峰论坛暨四川省绿色制造产业联盟成立大会、四川省产融合作助推绿色发展高峰论坛等十余场平行活动，深入解读绿色发展相关政策，组织研讨绿色技术创新和市场模式，积极搭建绿色服务和交流平台等。

2017年12月19日

2017年全国工业节能监察工作座谈会在京召开

为贯彻落实党的十九大精神，加快推进工业节能与绿色发展，促进工业节能监察工作向纵深开展，12月19日，工业和信息化部节能与综合利用司召开了全国工业节能监察工作座谈会。节能与综合利用司杨铁生副司长出席会议并讲话，各省工业和信息化主管部门节能工作负责同志、节能监察机构主要负责同志以及地市级节能监察机构、第三方服务机构代表参加了会议。

会议强调，各级工信部门和节能监察机构要认真学习贯彻落实党的十九大精神，坚定走绿色发展道路，以供给侧结构性改革为主线，紧扣高质量发展的要求，重点围绕工业节能监察体制机制建设、工业节能监察重点任务实施、重点工业行业能耗限额标准贯彻落实、重点企业能效持续提升、节能监察队伍能力建设等方面，积极谋划做好明年工业节能监察工作。参会同志认真总结交流了2017年国家重大工业专项节能监察工作，研讨了2018年的工作思路和重点任务。

2017年12月26日

2016各省份绿色发展指数发布

国家统计局、国家发改委、环境保护部、中央组织部12月26日发布了《2016年生态文明建设年度评价结果公报》，首次公布了2016年度各省份绿色发展指数，北京、福建、浙江位列前三。

根据2016年中办、国办印发的《生态文明建设目标评价考核办法》，我国将对各省份实行年度评价、五年考核机制，以考核结果作为党政领导综合考核评价、干部奖惩任免的重要依据。根据《办法》规定，年度评价按照《绿色发展指标体系》实施，从资源利用、环境治理、环境质量、生态保护、增长质量、绿色生活、公众满意程度等7个方面评估各地区上一年度生态文明建设进展总体情况，引导各地区落实生态文明建设相关工作。其中，年度评价按照绿色发展指标体系实施，生成各地区绿色发展指数。

后　记

《2017—2018 年中国工业节能减排发展蓝皮书》是在我国现阶段高度重视生态文明建设，大力推进绿色发展的背景下，由中国电子信息产业发展研究院赛迪智库工业节能与环保研究所编写完成的。

本书由刘文强副院长担任主编，顾成奎所长担任副主编，崔志广副所长负责统稿。具体各章节的撰写人员为：综合篇由王煦、莫君媛、王娜、李鹏梅撰写，重点行业篇由赵越、崔志广、张玉燕、杨俊峰、洪洋撰写，区域篇由唐海龙、霍婧撰写，政策篇由郭士伊、赵越、李博洋撰写，热点篇由杨俊峰、张玉燕、郭士伊撰写，展望篇由李博洋撰写，2017 年工业节能减排大事记由谭力收集整理。

此外，本书在编撰过程中，得到了工业和信息化部节能与综合利用司领导以及钢铁、建材、有色、石化、电力等重点用能行业协会和相关研究机构专家的大力支持和指导，在此一并表示感谢。希望本书的出版，为工业节能减排的政府主管部门制定政策时提供决策参考，为工业企业节能减排管理者提供帮助。本书虽经过研究人员和专家的严谨思考和不懈努力，但由于能力和水平所限，疏漏和不足之处在所难免，敬请广大读者和专家批评指正。